四川省特色哲学社会科学规划项目
"'两弹一星'精神融入高校思想政治理论课教学研究"
（SC22SZ009）成果

记忆里的两弹一星

四川两弹一星干部学院　编著

U0222478

人民日报出版社

北京

图书在版编目（CIP）数据

记忆里的"两弹一星"/四川两弹一星干部学院编
著.-- 北京：人民日报出版社，2024.6
ISBN 978-7-5115-8224-9

Ⅰ.①记…　Ⅱ.①四…　Ⅲ.①原子弹—研制—史料—
中国②氢弹—研制—史料—中国③人造卫星—研制—史料
—中国　Ⅳ.①TJ91-092②V474-092

中国国家版本馆CIP数据核字（2024）第039721号

书　　名：记忆里的"两弹一星"
　　　　　JIYILI DE "LIANGDANYIXING"
编　　著：四川两弹一星干部学院

出 版 人：刘华新
责任编辑：蒋菊平　徐　澜
版式设计：九章文化

出版发行：人民日报出版社
社　　址：北京金台西路2号
邮政编码：100733
发行热线：(010) 65369509　65369527　65369846　65363528
邮购热线：(010) 65369530　65363527
编辑热线：(010) 65363486
网　　址：www.peopledailypress.com
经　　销：新华书店
印　　刷：大厂回族自治县彩虹印刷有限公司
法律顾问：北京科宇律师事务所　010-83622312

开　　本：710mm×1000mm　1/16
字　　数：242千字
印　　张：18.75
版　　次：2024年6月第1版　　2024年6月第1次印刷

书　　号：ISBN 978-7-5115-8224-9
定　　价：48.00元

弘扬"两弹一星"精神，
奋力建设科技强国。

杜祥琬

序

2024年是新中国成立75周年，是我国第一颗原子弹成功爆炸60周年，是"两弹一星"功勋邓稼先、朱光亚诞辰100周年。为更好传承弘扬"两弹一星"精神，让历史记住科技丰碑，四川两弹一星干部学院的青年教师在查阅大量"两弹一星"资料的基础上，用讲故事的形式，以通俗易懂的行文风格，精心编写出版了这本《记忆里的"两弹一星"》，可以说是正当其时，恰逢其势。

在历史的浩瀚长河中，总有一些人物，如璀璨的星辰，永恒地闪耀在人类文明的天空。这些星辰，是为了民族尊严、国家安全和人类和平，默默付出、无私奉献的英雄们，他们以卓越的智慧和惊人的毅力，创造了新中国历史上一个震惊世界的奇迹，就是"两弹一星"。

在物质匮乏和技术薄弱的年代，老一辈科学家们以超凡的勇气和智慧，成功研制出了原子弹、氢弹、导弹和人造卫星，为实现中华民族伟大复兴奠定了坚实基础。"两弹一星"的成功研制，不仅彰显了中华民族的伟大创造力，更铸就了一种崇高的革命精神，这就是"热爱祖国、无私奉献，自力更生、艰苦奋斗，大力协同、勇于登攀"的"两弹一星"精神。

在《记忆里的"两弹一星"》这本书中，读者朋友们将回到那个激情燃烧的岁月，感受为国家荣誉、民族尊严而拼搏的英雄们的豪情壮志。希望通过这本书，有更多的人了解"两弹一星"背后的故事，铭记作出巨大贡献的"两弹一星"功勋和众多科研工作者。

这本书不仅仅是对历史的回顾，更是对未来的期许。我们希望通过传承和弘扬"两弹一星"精神，激发新一代科技工作者的创新热情和奋斗精神，为实现中华民族伟大复兴的中国梦贡献力量。

最后，让我们以崇高的敬意，向那些为"两弹一星"事业付出辛勤努力和宝贵生命的英雄们致以最崇高的敬意。他们是中华民族的脊梁，是我们永远学习的楷模。

杜祥琬

中国工程院院士

应用物理、强激光技术和能源战略专家

2024 年 5 月 29 日

传承"两弹一星"精神 勇担民族复兴使命

习近平总书记指出:"'两弹一星'精神激励和鼓舞了几代人,是中华民族的宝贵精神财富,一定要一代一代地传下去,使之转化为不可限量的物质创造力。"

无论是在中国共产党的百年历史上,还是在中华人民共和国七十余年的辉煌历程中,"两弹一星"的研制成功,都是值得大书特书的重大历史事件。它既是新中国社会主义建设成就的集中体现,也是马克思主义为什么行、中国共产党为什么能、中国特色社会主义为什么好的历史见证,极大地振奋了中华民族的精神,增强了中国人民的自信心和自豪感;极大地增强了国防实力,奠定了国家安全基石;塑造了新中国崭新的大国形象,显著提升了中国的国际地位。

在"两弹一星"的研制时期,中国人民自力更生、艰苦奋斗,以巨大的爱国热情和奉献精神,创造出了惊天动地的奇迹。这一时代的丰碑,不仅在于他们为中国国防科技事业做出的巨大贡献,更在于他们在创建历史伟业的同时也铸造了堪称民族脊梁的价值观,这就是"热爱祖国、无私奉献,自力更生、艰苦奋斗,大力协同、勇于登攀"的"两弹一星"精神。

"两弹一星"精神形成于火热的社会主义建设时期，是爱国主义精神、集体主义精神、社会主义精神和科学创新精神活生生的体现，是中国共产党领导中国人民在20世纪为中华民族创造的新的宝贵精神财富，是中国共产党人精神谱系的重要组成部分。

"热爱祖国、无私奉献"，是"两弹一星"精神的灵魂。它已成为中华民族优秀传统和时代精神在新中国尖端科技领域的集中体现，也是广大科技工作者的高贵品质和精神支柱。家国情怀深刻印记在"两弹一星"研制工作者身上，他们高举爱国主义旗帜，自觉把个人志向与民族振兴联系在一起，"回国不需要理由，不回国才需要理由"成为时代最强音。当时，一批早已在国外功成名就的科学家，如钱学森、钱三强、王淦昌、邓稼先、朱光亚、郭永怀等，毅然放弃国外优厚的生活和工作条件，冲破重重阻挠，历尽千难万险回到祖国，为新中国建设和发展而隐姓埋名、顽强拼搏，无私贡献自己的聪明才智，有的为之奋斗终生，乃至献出鲜血和生命。他们用热血和生命，谱写了为祖国和人民鞠躬尽瘁、死而后已的人生华章。

"自力更生、艰苦奋斗"，是"两弹一星"精神的核心。它是"两弹一星"研制成功的重要保障，是创造"两弹一星"伟业的广大科技工作者的坚强意志和立足基点。20世纪50年代，党中央在作出研制"两弹一星"决策时，就确立了"自力更生为主，争取外援为辅"的方针，始终坚持走独立自主、自力更生的发展道路。广大的研制工作者肩负祖国的重托，以崇高的使命感和高度的责任感，在面临外部封锁遏制、国内条件艰苦的环境下，发愤图强，刻苦钻研，艰苦创业，把功绩书写在高寒草原、西北荒漠和四川山沟中，显示了中华民族在自力更生基础上自立于世界民族之林的坚定决心和坚强能力。

"大力协同、勇于登攀"，是"两弹一星"精神的根本。它是成就

"两弹一星"事业的重要保证，充分体现了依靠集体智慧协同攻关的集中力量办大事的社会主义制度巨大优势。20世纪60年代初，中共中央就确立了大力协同的指导思想和工作模式，在党中央、国务院、中央军委及中央专委的集中领导和统一部署下，全国先后有26个部（院）、20多个省区市，包括1000多家工厂、科研机构、大专院校抽调精兵强将参与"两弹一星"研制，集中攻关。原子弹研制中的"九次计算""草原大会战"，氢弹原理突破中的"群众大讨论""上海百日攻坚战"，小型化研究中的"五朵金花""多种外源"方案等，都是集体攻关、团结协作的创举，也是社会主义制度优势的充分体现和成功实践。

伟大事业孕育伟大精神，伟大精神引领伟大事业。

1964年10月16日，中国第一颗原子弹爆炸试验成功；

1966年10月27日，中国第一颗装有核弹头的地地导弹飞行爆炸成功；

1966年12月28日，中国氢弹原理试验成功；

1967年6月17日，中国第一颗氢弹空爆试验成功；

1970年4月24日，中国第一颗人造卫星发射成功；

……

"两弹一星"从无到有，正是科研专家和广大工作者以"两弹一星"精神为指引，在攀登现代科技高峰的征途中取得的丰硕果实。

铭记历史才能坚定前行，为展现"两弹一星"精神孕育的历史背景，再现两弹一星研制工作者的奋斗画面，阐述"两弹一星"精神的丰富内涵，四川两弹一星干部学院以真实感人事迹为基础，编写《记忆里的"两弹一星"》一书。本书通过采访亲历者、查阅历史档案等方式，记录了当时的历史背景、研制过程、技术突破、人物故事等，展现了那一代人为国家富强、民族振兴所付出的辛勤努力和巨大牺牲。通过邓稼先、王淦昌、于敏等著名科学家和科研人员隐姓埋名，为祖国"两弹一星"事业做出重大贡献的动人事迹，我们可以看到中国人民在困难和挑战面前的坚定信念和强大决心。

同时,《记忆里的"两弹一星"》这本书为我们提供了一个宝贵的契机,让我们重新审视那个时代的精神和价值:在价值观多元化的今天,过去的精神是否还有大用处?

答案是肯定的。当今世界,百年未有之大变局加速演进,我国发展面临的国内外环境发生深刻复杂变化,科技创新成为国际战略博弈的主要战场。"两弹一星"精神作为一种文化软实力,是物质不可替代的力量。传承和弘扬"两弹一星"精神,用以武装一代又一代的青年科技工作者,意义深远,筑起实现"科技强国"这一国家目标的精神长城。显然,在新时代,"两弹一星"精神愈加彰显重要的现实意义。

历史川流不息,精神代代相传。衷心希望本书能够引导广大读者深入理解"两弹一星"精神,在全面建设社会主义现代化国家和实现中华民族伟大复兴中国梦的新征程中,传承弘扬"两弹一星"精神,向以"两弹一星功勋奖章"获得者为代表的老一辈科学家学习,保持深厚的家国情怀和强烈的社会责任感,将个人追求融入建设社会主义现代化国家的伟大事业中,以更加昂扬的姿态,勇担时代使命,为实现高水平科技自立自强作出新的更大贡献。

四川两弹一星干部学院

2024 年 6 月 3 日

目 录
Contents

　　"两弹一星"研制者们高举爱国主义的旗帜，怀着强烈的报国之志，自觉把个人的理想与祖国的命运紧紧联系在一起，把个人的志向与民族的振兴紧紧联系在一起。他们用自己的热血和生命，写就了一部为祖国为人民鞠躬尽瘁、死而后已的壮丽史诗。

第二章

自力更生、艰苦奋斗

083

"两弹一星"的研制工作者们，是一支特别能吃苦、特别能战斗的队伍。他们在茫茫无际的戈壁荒原，在人烟稀少的深山峡谷，风餐露宿，不辞辛劳，克服了各种难以想象的艰难险阻，经受住了生命极限的考验。他们所具有的惊人毅力和勇气，显示了中华民族在自力更生的基础上自立于世界民族之林的坚强决心和能力。

在研制"两弹一星"的伟大历程中，全国各地区、各部门，成千上万的科学技术人员、工程技术人员、后勤保障人员，团结协作，群策群力，汇成了向现代科技高峰前进的浩浩荡荡的队伍。他们用自己的业绩，为中华民族几千年的文明创造史书写了新的光彩夺目的篇章。

第一章

热爱祖国、无私奉献

爱国主义是中华民族的优良传统和崇高美德，是中华民族的精神支柱。中国共产党是爱国主义精神最坚定的弘扬者和践行者。"热爱祖国、无私奉献"是"两弹一星"研制工作者最具向心力的精神纽带、最具持久力的动力源泉。正是在这一伟大精神的激励和感召下，一大批杰出的科学家、科研人员、工程技术人员、干部、工人和解放军指战员，会聚在国家重大战略任务的旗帜下，干惊天动地事，做隐姓埋名人，顽强拼搏，无私贡献自己的聪明才智，他们为此奋斗终身，有的甚至献出了宝贵的生命。他们用热血和生命，谱写了为祖国和人民鞠躬尽瘁、死而后已的壮丽史诗。

中南海的原子能课①

1955年1月，一个星期六的下午。

在中南海毛泽东的书房里，被书架包围着的沙发上分别坐着毛泽东、刘少奇、周恩来、朱德、邓小平、彭德怀、彭真、李富春、薄一波等党和国家领导人。同时，在沙发就座的还有地质部部长李四光、副部长刘杰和中国科学院近代物理研究所所长钱三强。

人员到齐后，毛泽东开门见山地对李四光、钱三强说："今天，我们这些人当小学生，就原子能有关问题，请你们来上课。"

周恩来总理对此次会议作了精心安排，他率先提醒了李四光和钱三强，在汇报时对重点问题要讲得尽可能详细一些、通俗一些。

李四光取出黄黑色的铀矿石标本，对我国铀矿资源情况作了全面汇报。他讲道，经过一年的铀矿普查，在西北、中南、华东等地发现放射性异常点200多处，有远景的点11处，证明了我国有丰富的铀矿资源，能够满足我国原子能工业的发展需求。

中央领导人一个个传看着铀矿石标本，感到很新奇。就是这么一个

---

① 本篇内容主要参考陶纯，陈怀国著《国家命运——中国"两弹一星"的秘密历程》，上海文艺出版社2011年；葛能全著《钱三强年谱》，山东友谊出版社2002年。

普通的石块，包含着神秘的物质，能够爆发出惊人的力量？

接着，钱三强用自制的盖革计数器对铀矿石作了放射性测量演示，当盖革计数器靠近标本，立即发出了嘎嘎的响声，几次测试引得大家高兴地笑起来，本来严肃的会场也顿时活跃起来了。

钱三强讲了美、苏、英几国利用铀核裂变引起"链式反应"，先后研制成原子弹和氢弹的有关情况，随即讲了我国目前的情况，钱三强说："我国的原子能科研工作，基本上是新中国成立后白手起家，几年的努力，应该说是打下了一点基础，最可贵的是集中了一批人，水平并不弱于别的国家，还有一些人正在争取回来。他们对发展中国的原子能事业有极大的积极性，大家充满信心。"

这引起了大家的热烈讨论。

朱老总更是一拍桌子说道："要搞！过去我们打仗有蒋介石给我们当运输大队长，以后没有这样便宜的事了，必须自己动手。有备无患嘛，搞了不用也得搞，不然，没法踏踏实实过日子。"

周恩来总理说："综合我国目前的情况，集中力量，突破原子弹，带动整个原子能事业的发展，是个好办法，我建议中央，对原子弹早下决心。"

邓小平也说："我的意见，无论从我国面临的现实威胁，还是从民族利益考虑，原子弹都必须搞！"

大家也都纷纷表示赞成。

毛泽东思考片刻后，十分高兴地向到会的人说：

◇ **链式反应**

　　在核物理领域，重原子核在快中子轰击下，产生碎片和多个中子，这些中子又会轰击下一级的重核，产生更多的中子，使裂变不断进行下去的反应过程，称为链式反应。

"我们的国家现在已经知道有铀矿，进一步勘探，一定会找出更多的铀矿来。我们也训练了一些人，科学研究也有了一定的基础，创造了一定条件。过去几年，其他事情很多，还来不及抓这件事。这件事总是要抓的。现在到时候了，该抓了。只要排上日程，认真抓一下，一定可以搞起来。"毛泽东还强调说："现在苏联对我们援助，我们一定要搞好。我们自己干，也一定能干好！我们只要有人，又有资源，什么奇迹都可以创造出来。"

随后，毛泽东与钱三强讨论起原子弹的内部结构问题。

"原子核是由质子和中子组成的吗？"

"是这样。"

"那质子、中子又是由什么组成的呢？"

钱三强一时不知怎么回答。他虽然在会前作了全面准备，但毛泽东所提的问题，是还没有人研究过的。

钱三强想了想如实说道："原子论起源于古希腊。'原子'这个词，古希腊文的意思是'不可再分的东西'。根据目前的研究，质子、中子是构成原子核的基本粒子。所谓'基本粒子'，就是最小的，不可再分的。"

"是不可分的吗？"毛泽东再次提出问题。

"这个问题正在研究，能不能分，还没有被证实。"

毛泽东用探讨的语气继续说："我看不见得吧。从哲学的观点来看，物质是无限可分的。质子、中子、电子，也应该是可分的。一分为二，对立统一嘛！不过，现在实验条件不具备，将来会证明是可分的。"

大家静静地听着、思考着。

会后，毛泽东请客招待大家。三张餐桌，每桌六个菜。李四光和钱三强被安排和毛泽东一桌。一向不喝酒的毛泽东特意斟了一杯葡萄酒。

毛泽东起身对大家说："为我国原子能事业的发展，大家共同干杯！"

这一堂在中南海的原子能课，成为我国研制核武器的开端。从此，中华大地上开始书写"两弹一星"的奇迹。

情景宣讲课片段
《听吧，祖国在向
我们召唤》

52名留学生签署的一封公开信

　　新中国成立前后，我国在海外的留学生共有5541人，他们大部分是在1946—1948年期间出国的。欧美国家的中国留学生最多，达到4295人，约占留学生总人数的78%，其中留美学生为3500人，约占留学生总人数的63%，其他留学生多集中在英国和法国。其次是留日学生，约占留学生总人数的22%，其中2/3是由台湾赴日，另1/3是日本侵华期间由伪政府派出。[①]

　　"同学们，听吧！祖国在向我们召唤，四万万五千万的父老兄弟在向我们召唤，五千年的光辉在向我们召唤，我们的人民政府在向我们召唤！回去吧！让我们回去把我们的血汗洒在祖国的土地上，灌溉出灿烂的花朵……"1949年末的一天，朱光亚手中的笔在不停书写，他的思绪却已飞回到11年前。

　　1938年，抗日战争进入最艰难时期，日军正准备向武汉进攻。为了躲避战乱，14岁的朱光亚与家人登上了开往重庆的客轮，开始了他

---

　　① 李滔主编：《中华留学教育史录（1949年以后）》，高等教育出版社2000年版，第3页。

颠沛流离的求学生涯。一路上人们高唱着抗日救亡歌曲，给少年朱光亚的心底扎下了深深的爱国主义根。

1946年，朱光亚被吴大猷教授选中赴美学习原子弹研制技术，到了美国却被告知，所有与原子弹有关的科研机构均不允许外国人进入。而之前蒋介石政府承诺的50万美元经费也成了泡影。

现实令朱光亚清醒，美国永远不可能帮助中国发展尖端科学技术，腐败无能的国民政府也不可能搞出中国的原子弹。

于是，朱光亚决定去密歇根大学的核物理专业攻读研究生。三年读博期间，朱光亚的学习成绩门门是A，并在《物理评论》上相继发表4篇学术论文。

朱光亚积极参加社会活动。他不仅是密歇根大学中国留学生学生会的主席，还在当时留学生中最有影响的两个社团里担任分会会长。闲暇之余，他常常组织同学们开展座谈会，以"新中国与科学工作者""赶快组织起来回国去"等为主题，介绍国内情况，讨论科学工作者应该赶快回去建设新中国。他们还用《打倒列强》的歌曲旋律，创作了《赶快回国歌》，每次聚会都要齐唱："不要迟疑，不要犹豫，回国去，回国去！祖国建设需要你，组织起来回国去，快回去，快回去！"

1949年12月18日，周恩来总理通过北京人民广播电台，热情地向海外知识分子发出"祖国需要你们"的号召，表达了中国共产党和人民政府对他们的渴望和尊重，希望他们回国参加建设。

朱光亚一刻也等不了，他牵头起草了《给留美同学的一封公开信》，并分送给美国各地的留学生传阅和讨论，凡同意者均可在信上署上自己的名字，希望以此动员更多的中国留学生回国参加新中国建设。

短短一个月的时间，已有52名留学生在这封公开信签名。他们当中，有从事自然科学的，也有从事社会科学的。如在麻省理工学院学习的著名科学家侯祥麟，他在看到这封信不久就启程回国了，为国家石油石化领域填补了许多重大科技空白，解决了石油石化产业发展中的许多关键问题。又如与朱光亚同在密歇根大学学习的数学家曹锡华，在1950年国庆前夕回到祖国，从事数学研究，为当代中国代数群研究作出了重大贡献。由此可见，这封公开信在中国留学生中传阅之广、影响之大。

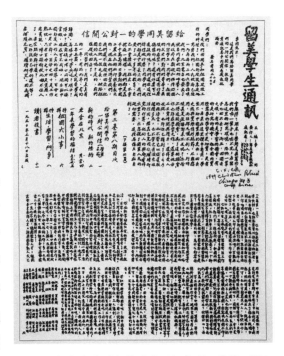

于1950年发表在《留美学生通讯》第3卷第8期上的公开信

1950年2月27日，朱光亚把《给留美同学的一封公开信》寄给了纽约留美学生通讯社。3月18日，这封公开信发表出来。此信一出，犹如一枚文字核弹在留学生中炸开，吹响了留学生回国的集结号。据统计，从1949年8月到1955年11月，从西方国家归来的高级知识分子达1536人，其中从美国回来的就有1041人。

朱光亚认为，"只有把个人命运与祖国命运紧密联系在一起，把自己的聪明才智献给祖国，个人的人生价值和理想才能实现"。寄出信的第二天，朱光亚便登上了开往香港的克利夫兰总统号邮轮，向着心中的牵挂和愿意为之付出一生的祖国笃定前行。

给留美同学的一封公开信

同学们：

　　是我们回国参加祖国建设工作的时候了。祖国的建设急迫地需要我们！人民政府已经一而再再而三地大声召唤我们，北京电台也发出了号召同学回国的呼声。人民政府在欢迎和招待回国的留学生。同学们，祖国的父老们对我们寄存了无限的希望，我们还有什么犹豫的呢？还有什么可以迟疑的呢？我们还在这里彷徨做什么？同学们，我们都是在中国长大的，我们受了20多年的教育，自己不曾种过一粒米，不曾挖过一块煤。我们都是靠千千万万终日劳动的中国工农大众的血汗供养长大的。现在他们渴望我们，我们还不该赶快回去，把自己的一技之长，献给祖国的人民吗？是的，我们该赶快回去了。

　　你也许说自己学得还不够，要"继续充实""继续研究"，因为"机会难得"。朋友！学问是无穷的！我们念一辈子也念不完。若留恋这里的研究环境，恐怕一辈子也回不去了。而且，回国去之后，有的是学习的机会，有的是研究的机会，配合国内实际需要的学习才更切实、更有用。若待在这里钻牛角尖，学些不切中国实际的东西，回去之后与实际情形脱节，不能应用，到时候，真是后悔都来不及呢！

　　也许你在工厂实习，想从实际工作中得到经验，其实，也不值得多留，美国工厂大，部门多，设备材料和国内相差很远，花了许多功夫弄熟悉了一个部门，回去不见得有用。见识见识是好的，多留就不值得了，别忘了回去的实习机会多得很，而且配合中国需要，不是吗？中国有事要我们做，为什么却要留在美国替人家做事。

你也许正在从事科学或医学或农业的研究工作，想将来回去提倡研究，好提高中国的学术水准。做研究工作的也该赶快回去。研究的环境是要我们创造出来的，难道该让别人烧好饭，我们来吃，坐享其成吗？其实讲研究，讲教学，也得从实际出发，绝不是闭门造车所弄得好的。你不见清华大学的教授们教学也在配合中国实际情况吗？譬如清华王遵明教授讲炼钢，他用中国铁矿和鞍山钢铁公司的实际情况来说明中国炼钢工作中的特殊问题。这些，在这里未必学得到。

你也许学的是社会科学：政治、经济、法律。那就更该早点回去了。美国的社会环境与中国的社会环境差别很大，是不可否认的事实。由高度工业化的资本主义社会基础所产生出来的一套社会科学理论，能不能用到刚脱离半殖民地半封建社会基础的中国社会上去，是很值得大家思考的严重问题。新民主主义已经很明显地指出中国社会建设该取的道路。要配合中国社会的实际情况，才能从事中国的社会建设，才能发展我们的社会科学理论。朋友，请想一想，在这里学的一套资本主义的理论，先且不说那是替帝国主义做传声筒，回去怎样能配得上中国的新民主主义建设呢？中国需要社会建设的干部，中国需要了解中国实情的社会学家。回国之后，有的是学习机会。不少回国的同学，自动地去华北大学学习三个月，再出来工作。早一天回去，早一天了解中国的实际政治经济情况，早一天了解人民政府的政策，早一天参加实际的工作，多一天为人民服务的机会。现在祖国各方面都需要人才，我们不能彷徨了！

一点也不错，祖国需要人才，祖国需要各方面的人才。祖国的劳动人民已经在大革命中翻身了，他们正摆脱了封建制度的束缚，官僚资本的剥削，帝国主义的迫害，翻身站立了起来，从现在起，他们将是中国的主人，从现在起，四万万五千万的农民、工人、知识分子、企业家将在反封建、反官僚资本、反帝国主义的大旗帜下，团结一心，合力建设一个新兴的中国，一个自由民主的中国，一个以工人农民也就是人民大众的幸福为前提的新中国。要完成这个工作，前面是有不少的艰辛，但是我们有充分的信念，我们是在朝着充满光明前途的大道上迈进，这个建设新中国的责任是要我们分担的。同学们，祖国在召唤我们了，我们还犹豫什么？彷徨什么？我们该马上回去了。

同学们，听吧！祖国在向我们召唤，四万万五千万的父老兄弟在向我们召唤，五千年的光辉在向我们召唤，我们的人民政府在向我们召唤！回去吧！让我们回去把我们的血汗洒在祖国的土地上灌溉出灿烂的花朵。我们中国是要出头的，我们的民族再也不是一个被人侮辱的民族了！我们已经站起来了，回去吧赶快回去吧！祖国在迫切地等待我们！

携带30多箱行李的归国路

赵忠尧（1902年6月27日—1998年5月28日），浙江诸暨人。核物理学家，中国科学院学部委员（院士）。1925年毕业于东南大学。1930年获美国加州理工学院博士学位。曾任中国科学院高能物理研究所研究员、副所长，中国科学院原子能研究所副所长，中国科学技术大学教授、物理系主任，中国核学会名誉理事长。主要从事核物理特别是硬γ射线与物质相互作用等方面的研究并取得突出成就，是中国核物理、加速器、宇宙线研究的开拓者之一。1929年与欧洲学者同时最先观察到γ射线通过重物质时除康普顿散射和光电效应外的"反常吸收"，并首先发现"特殊辐射"，最早观察到正负电子对产生和湮没的现象，对正电子的发现和物理学家接受量子电动力学理论起到重要作用。主持建成我国第一、二台质子静电加速器，为在国内建立核物理实验基地作出了重要贡献。

1946年，赵忠尧作为中国物理学界的唯一代表，前往美国观摩原子弹试验并购买核物理研究所需设备。完成任务后，赵忠尧留在美国继续学习，直到新中国成立后，他决定回国，并准备将购买的30多箱仪器设备带回国。

1946年夏，美国在太平洋的比基尼小岛上试爆了一颗原子弹。赵忠尧受中央研究院的推荐，作为科学界的代表，应邀观摩。当"蘑菇云"升起时，赵忠尧沉默不语，心痛至极：中国何时才能拥有原子弹？

那时候，中央研究院的总干事萨本栋先生筹了5万美元，托赵忠尧买回一些研究核物理用的器材。可是钱实在太少，开展核物理研究，至少需要一台加速器，而当时订购一台完整的200万电子伏的静电加速器要40万美元以上，这几乎是不可能完成的事。但是，赵忠尧一想到国家需要，就毅然答应此事。如何做成此事呢？赵忠尧与友人多次商讨，唯一可行的办法是，自行设计一台加速器，购买国内难买到的部件和其他少量的核物理器材。当然，这也是极其艰辛的路。

照此计划，赵忠尧在麻省理工学院电机系静电加速器实验室学习静电加速器发电部分和加速管的制造。半年后，为了进一步学习离子源的技术，他转去华盛顿卡内基地磁研究所访问半年。又过了半年，为寻觅厂家定制加速器部件，他重返麻省理工学院的宇宙线研究室。由于加速器上的机械设备，都是特种型号，每种用量不大，加工精度要求又高，好的工厂很忙，不愿接受这种吃力不讨好的小订单。故赵忠尧需要不断寻找价格合理的、愿意制造的工厂。功夫不负有心人，终于找到了。与此同时，他省吃俭用，辛勤打工，辗转多个实验室，方便学习与咨询。他的义务劳动也换得了一批代制的电子学仪器和其他零星器材，节约了购置设备的开支。

前后整整两年，赵忠尧历尽千辛万苦完成了制造和购买器材的工作。这次出国，赵忠尧花费主要精力在定制设备上，同时也在自己感兴趣的宇宙线及质子、α核反应等方面开展了一些科研工作，但未取得大成果。有人笑他是傻瓜，放着出国搞研究的大好机会不用，却把时间用在不出成果的事上。赵忠尧从不后悔，他说："我回首往事，固然仍为那几年失去了搞科研的宝贵机会而惋惜，但更为自己的确把精力用在了对祖国科学发展有益的事情上而欣慰！"

1949年，赵忠尧悄悄将自己花了几年心血定制的加速器部件与核物理实验器材混装了大小30多箱，陆续托运回国。1950年春天，他也准备返回祖国。这时，有朋友劝他："美国条件好、薪酬高，留下来可以出更多的科研成绩。"他却婉拒："一个人在国外做出成绩，只能给自己带来荣誉，对于国家富强，作用并不大。"

毫无疑问，他的归国之路遇到了难以想象的困难。这时中美之间的通航已经中止了，赵忠尧辗转找到一家愿意帮忙办理香港过境签证的轮船公司，5个月后拿到了签证。8月底，赵忠尧、邓稼先等100多名留美学者在洛杉矶一起登上威尔逊总统号海轮。船正要启航时，美国海关还非法扣留了准备装上轮船的钱学森的八大箱子行李；赵忠尧最宝贵的一批公开出版的物理书籍和期刊被扣留，虽然心疼那些书，倒还庆幸自己得以脱身。谁知没过多久，美国中央情报局就连发三封电报对赵等人进行追截。当轮船开到日本横滨时，他们被逮捕并押送至东京巢鸭监狱。赵忠尧在狱中备受折磨，却从未消沉绝望，他与敌人斗智斗勇，绝不妥协。同时，"台湾当局"派各种代表威胁劝诱，台湾大学校长傅斯年发来急电："望兄来台共事，以防不测。"赵忠尧却回电："我回大陆之意已决！"经历数月磨难，1950年11月，在祖国人民和国际科学界同行的声援下，赵忠尧等人获释，经香港回到祖国大陆。

赵忠尧回国后参与中国科学院近代物理研究所的创建，主持建立了核物理研究室。他利用带回的加速器部件先后于1955年和1958年建成了我国最早的70万伏和200万伏高气压型的质子静电加速器，为我国核物理、加速器和真空技术的研究打下了坚实的基础。

情景宣讲课片段
《我一定能够回
到祖国的》

钱学森的求救信①

钱学森（1911年12月11日—2009年10月31日），浙江杭州人。应用力学、工程控制论、系统工程科学家、空气动力学家，中国科学院院士，中国工程院院士。1934年毕业于上海交通大学。1935年赴美国麻省理工学院留学，后加入加州理工学院，获航空、数学博士学位。1955年回国。他是人类航天科技的重要开创者和主要奠基人之一，是工程控制论的创始人，被称为中国近代力学和系统工程理论与应用研究的奠基人，是中国航天事业的奠基人。他长期担任我国火箭导弹和航天器研制的技术领导职务，为中国火箭导弹和航天事业的创建与发展作出了杰出的贡献。他先后获得国家科技进步奖特等奖、"国家杰出贡献科学家"荣誉称号、一级英雄模范奖章，1999年被授予"两弹一星功勋奖章"。

1955年8月1日的中美大使级会谈上，王炳南大使用钱学森的亲笔

---

① 本篇内容主要参考叶永烈著《走近钱学森》，天地出版社2019年。

信当场揭穿了美国阻挠钱学森回国的真相，直接促成了钱学森回国。

钱学森的求救信是如何到王炳南大使手中的呢？

新中国成立后，钱学森日夜盼望回到祖国。可美国政府却始终不肯放钱学森回国，因为此时的钱学森已经是世界一流的导弹专家了，还参与了美国国防部的科研项目，是被美国人称为"无论在哪里，都值五个师"的科学家。美国海军次长金贝尔更是威胁说："我宁可把这个家伙枪毙了，也不能放他回红色中国去。"

钱学森受到美国特务机关的长期监视，有国不能回，失去了人身自由。但这些都没能打消钱学森回国的念头，反而使他回国报效之心更加急切。

1955年5月的一天，钱学森在一张华人报纸上看到一个熟悉的名字——陈叔通，这让钱学森眼前一亮，脑海中闪现出冲破藩篱回国的办法。陈叔通是钱学森父亲钱均夫的老师和好友，两家关系也很要好，而且陈叔

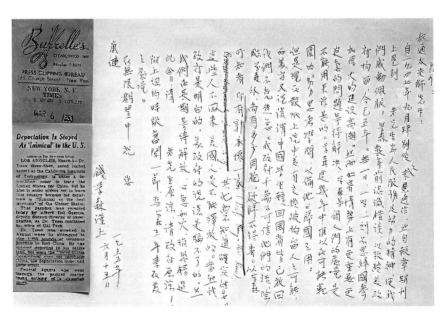

左为《驱逐对美国不利》报道剪报，右为钱学森致陈叔通的求救信

通当时任全国人大常委会副委员长。钱学森高兴而警觉地把这一消息告诉了夫人蒋英，他们都认为如果能够得到陈老的救助，就能够实现回国的愿望。

于是，钱学森决定给陈老写一封求救信。

屋外是美国特务24小时不间断的监视，如何把这封信安全地邮寄出去成了至关重要的问题。作为一名导弹专家，钱学森十分清楚细节的重要性，他需要缜密安排写信、寄信的每个环节，确保万无一失。

钱学森把这封信看得很重，这不仅是一封助他回国的求救信，更是一封表达爱国之情的抒怀信。钱学森反复斟酌了信的内容，他先写了一遍草稿，然后在一张不易被人关注的普通纸张上，一笔一画写道："无一日、一时、一刻不思归国参加伟大的建设高潮……"

叔通太老师先生：

自一九四七年九月拜别后未通信，然自报章期刊上见到老先生为人民服务及努力的精神，使我们感动佩服！学森数年前认识错误，以致被美政府拘留，今已五年。无一日、一时、一刻不思归国参加伟大的建设高潮。然而世界情势上有更重要更迫急的问题等待解决，学森等个人们的处境是不能用来诉苦的。学森这几年中唯以在可能范围内努力思考学问，以备他日归国之用。

但是现在报纸上说中美交换被拘留人之可能，而美方又说谎谓中国学生愿意回国者皆已放回，我们不免焦急。我政府千万不可信他们的话，除去学森外，尚有多少同胞，欲归不得者。从学森所知者，即有郭永怀一家（Prof. Yong-huai Kuo, Cornell University, lthaca, N.Y.），其他尚不知道确实姓名。这些人不回来，美国人是不能释放的。当然我政府是明白的，美政府的说谎是骗不了的。

然我们在长期等待解放，心急如火，唯恐错过机会，请老先生原谅，请政府原谅！附上纽约时报旧闻一节，为学森五年来在美之处境。

在无限期望中祝您

康健

钱学森谨上

一九五五年六月十五日

在信中，钱学森还附上了一份1953年3月6日《纽约时报》特别报道简报，用作美国阻挠他回国的明证，报道题为"驱逐对美国不利"：

钱学森——加州理工学院著名的火箭专家，3月5日在洛杉矶被驱逐回中国。但同时又不许他离开美国，因为他的离去"不利于美国最高利益"。

这个自相矛盾的消息是由美国移民局地区副局长阿尔伯特今天披露的，此时钱学森博士仍在加州理工学院工作。

钱学森博士是8月份（应为1950年9月）被逮捕的，他试图将1800磅的技术资料运往"红色中国"。他被驱逐回他的祖国，但由于美国政府不承认中国，驱逐令并没有起作用。

检查这些打印材料的联邦机构人员没有发现任何秘密资料。

信写好了。摆在钱学森面前还有两个问题：

一是信寄往哪里？他们并不知道陈老的住址，不能直接寄给陈老，也不敢直接寄给住在上海的父亲，这必然会被联邦调查局截获。思索一阵，蒋英想到了侨居在比利时的妹妹蒋华，他们决定先寄给在欧洲的蒋华，因为寄往欧洲的信是不易被联邦调查局拆检的。由蒋华把信转寄到上海钱学森父亲家中，再由钱均夫寄给北京的陈叔通。

二是如何寄出信？钱学森和蒋英出门都会被特务跟踪，监视他们的行动。为了确保信件不被特工怀疑，他们在信封上下了一番功夫。为了不引起特务的注意，蒋英模仿儿童的笔迹，用左手在信封上写下妹妹的地址。

钱学森的求救信就像一枚静静等待发射的火箭，需要"发射平台"为其助力，也就是一个邮筒。如何在避开特务双眼的情况下，把信件投入邮筒是回国秘密行动的重要一环。钱学森想到了一家有邮筒的购物商场。于是，钱学森和蒋英来到了这家商场，钱学森在门口等待，蒋英独自一人进入商场。他们分开行动，势必会让美国特务把注意力放在钱学森身上，这就为蒋英"发射"求救信创造了条件。蒋英佯装购物进入商场，观察周围无人注意，就敏捷地把信投进了邮筒。

这封信就这样躲过美国特工的监视，安全到达比利时。蒋华收到信后，立即转寄给钱均夫。钱均夫火速转到北京给好友陈叔通。陈叔通把信直接交给了周恩来总理。周总理深知这封信的重要性，立刻作了周密安排，令外交部火速将信转交给正在日内瓦进行中美大使级会谈的王炳南，并指示："这封信很有价值。这是一个铁证，美国当局至今仍在阻挠中国平民归国。你要在谈判中用这封信揭穿他们的谎言。"

20世纪50年代，中美还没有建立外交关系，两国的很多问题是在波兰举行的中美大使级会谈上协商解决的。在美的中国留学生回国问题是会谈中的一个重要议题，负责会谈的美国大使约翰逊要王炳南举出美国阻止中国留学生回国的事例。于是，王炳南详细说明了钱学森回国被阻的情况，并当众念了钱学森的求救信，"现在报纸上说中美交换被拘留人之可能，而美方又说谎谓中国学生愿意回国者皆已放回，我们不免焦急……我们在长期等待解放，心急如火，唯恐错过机会"。

在事实面前，约翰逊哑口无言。美国政府不得不批准钱学森的回国要求。1955年8月4日，钱学森收到了美国移民局允许他回国的通知。

冷战期间，中美两国从1955年至1970年在没有外交关系的状态下进行了长达15年、共计136次的大使级会谈。周恩来总理曾感叹道："中美大使级会谈虽然没有取得实质性成果，但我们毕竟就两国侨民问题进行了具体的建设性的接触，我们要回了一个

归国途中，钱学森一家在克利夫兰总统号轮船甲板上

钱学森。单就这件事来说，会谈也是值得的，有价值的。"

美国监禁钱学森五年，他就等了五年。钱学森终于等到这天，但他还不能表露欢欣激动之情，因为钱学森知道在没有踏上祖国大陆之前，还有着不确定性。

不能久等，久等易生变。买不到机票，就乘轮船。钱学森买到了1955年9月17日启程驶往香港的克利夫兰总统号轮船票。10月8日，钱学森回到了阔别已久的祖国。

在荒漠中拔地而起的航天城

1958年，一列火车在夜晚缓缓驶过鸭绿江。

这是一列从朝鲜驶入国内的军列，列车上坐的是中国人民志愿军第20兵团。1953年朝鲜战争结束，由于美国迟迟不肯撤军，战争危机并没有完全解除，因此中国人民志愿军并未全部撤离，其中就有第20兵团。

今天，终于要回国了。第20兵团的战士们知道前期回国的志愿军都是胸戴大红花，都会受到人民群众的热烈欢迎，还被称为"最可爱的人"。他们十分高兴，憧憬着未来的好日子。

可是，火车跨过国境线后，轰隆隆的汽笛声并没有减弱，它似乎没有停下来的意思。

"到底要去哪里？"大家都摸不着头脑。

这趟列车出奇神秘。后来，一些老兵回忆：坐在闷罐子车里，一路上没有离开过，吃喝拉撒全在车厢内。一些战士扒着门缝费力地朝外面看，只看见了一根根向后倒去的电线杆。

坐了半个多月的车，大家伙感到空气中飞扬的细沙粒多了起来，门缝外的景色也变得荒凉。车门一打开，映入眼帘的是无边无际的戈壁、沙漠，风一刮，沙粒子直扑脸上，火烧火燎的。大家心中都在想，这是哪里？来这么荒凉的地方干什么？

这里是位于甘肃酒泉和内蒙古额济纳旗的交界地带，紧挨着我国八大沙漠之一的巴丹吉林沙漠，历史上有名的弱水河曾流经此地。古代这里是蒙古高原通往河西走廊的必经之道，汉代骠骑将军霍去病在此地防御匈奴南侵，唐代诗人王维从军戍边途经此地，写下了"大漠孤烟直，长河落日圆"。这里自古就是保卫祖国的边疆重地，今天它又将承担新的国防使命。

50年代中期，党中央决定发展中国的"两弹一星"工程。经过一番勘察、比较，1958年初确定在此建设我国第一座导弹试验基地，这里就是后来发射了我国第一颗卫星——"东方红一号"和神舟系列载人飞船的酒泉卫星发射中心。随着一声令下，先后有七个建筑团、五个工兵团、两个建筑师、两个汽车团、一个工程技术大队、三个医院、一个通信营、一个勘察队参加施工，配属单位有：步兵某师改建的建筑第五十二师、铁道兵第十师、通信兵通信工程团、空军建筑第六分部，总共约10万大军进入此地。

因为保密要求，战士们并不知道，他们要在此修建中国人民探索宇宙的前进基地。他们知道的是，工程兵司令员陈士榘上将分配的任务：你们负责修建铁路线，你们负责修建机场跑道，你们负责修建防爆设施……

10万大军领受任务后昼夜奋战在戈壁滩上。

这是一个神秘的地方，戈壁滩上的风被当地人称作"一年一场风，从春刮到冬"，风沙起时，黄沙弥漫，飞沙走石，天昏地暗。夏日炎炎，烈日照得沙漠像一个蒸笼，使人透不过气来；冬季北风肆虐，冷风夹带着沙石不停地拍在脸上，又痛又痒。在恶劣的自然环境面前，懦弱者颓然趴下，勇敢者傲然挺立。10万战士不仅傲然挺立，他们还要向这沉睡千年的戈壁荒漠开战，创造出人间奇迹来。亘古无生息的荒漠，焕发出勃勃生机。

在基地修建过程中，有这样一个故事。

帮助我国修建导弹试验基地的苏联顾问盖杜柯夫到施工现场察看。在偌大的戈壁滩上，没有大型施工设备，见到最多的是在遍地沙尘中翻飞的镐头、铁锹，一队队人马肩挑、背扛地搬运石子到路基上。盖杜柯夫看了之后连连摇头，认为我们的导弹试验基地很难在规定的时间内完成修建。作为顾问，盖杜柯夫非常清楚，基地的工程量很大，在修筑公路、铁路的同时，还要解决基地机关部队住房、用水等问题，构筑地对地、地对空发射阵地和指挥所、技术厂房，要修建一个能起降大型飞机的专用机场，一个发电厂、一条200公里的专用铁路。这样的工程量，在自然环境恶劣、生活极度困难的情况下，要想在短时间内建成使用，无异于天方夜谭。

条件很恶劣，生活也很艰苦，但是大家的斗志却是激昂的，"以苦为荣、以场为家""死在戈壁滩，埋在青山头"是他们的战斗口号。

在沙地上修建路基是一项费时费力的工作，风沙一来，刚刚修好的路基就会被掩埋，清理沙石浪费时间不说，搞不好还会导致路基不结实。于是，大家想了一个办法。在风沙吹起来之前，战士们快速地把床板、被褥、帐篷铺在路基上，阻挡沙石破坏路基，等风停下来后，路基沿线的战士把沙一扒，床板、被褥、帐篷一揭，接着干。

大家就是凭着这样一股精气神，在荒无人烟的戈壁滩魔幻般地变出了一座航天城。

1960年9月，分布在1.3万平方公里的41个场区，特种营房、机场、铁路、公路、电力、通信、给排水等2000多项工程，保质保量地完成并交付使用。

9月10日，就在修建成的导弹试验基地，我国使用国产燃料成功发射了一枚地对地近程导弹。它证明了中国建设的工程、设备完全符合要求，经受住了实弹考验。

中国酒泉卫星发射中心

酒泉，中国从这里奔赴星辰大海。

1960年11月5日，中国制造的第一枚地地导弹在这里发射成功；

1966年10月27日，中国第一颗次导弹核武器试验在这里发射成功；

1970年4月24日，中国第一颗人造地球卫星"东方红一号"在这里升空；

1975年11月26日，中国第一颗返回式卫星在这里发射成功；

1980年5月18日，中国第一枚远程运载火箭在这里发射成功；

2003年10月15日，中国第一艘载人飞船"神舟五号"在这里发射成功……

愿将一生献宏谋

于敏（1926年8月16日—2019年1月16日），中共党员，河北宁河人，中国工程物理研究院高级科学顾问、研究员，中国科学院院士。于敏是我国著名核物理学家，长期领导并参加核武器的理论研究和设计，填补了我国原子核理论的空白，为氢弹突破作出卓越贡献。1999年，于敏被国家授予"两弹一星功勋奖章"；2015年，获2014年度国家最高科技奖，被授予全国敬业奉献模范称号。2018年12月18日，党中央、国务院授予于敏同志改革先锋称号，颁授改革先锋奖章。于敏被评为"国防科技事业改革发展的重要推动者"。2019年，于敏被授予"共和国勋章"。

73岁那年，于敏写了一首以"抒怀"为题的七言律诗，总结了自己沉默而轰烈的一生：

忆昔峥嵘岁月稠，朋辈同心方案求；

亲历新旧两时代，愿将一生献宏谋；

身为一叶无轻重，众志成城镇贼酋；

喜看中华振兴日，百家争鸣竞风流。

一叶何轻？托身黄沙纸笔。一叶何重？犹可安邦御敌。于敏，即使"身为一叶无轻重"，也"愿将一生献宏谋"！

于敏在天津耀华中学念高中时，就以各科第一闻名全校。1944年，他顺利考入北京大学工学院机电系。后来，于敏发现高深的物理学像一块巨大的磁石吸引着他。1946年，他转到理学院物理系，将自己的专业方向定为理论物理。

于敏的学习成绩总是名列榜首。他的学号是1234013。1代表理学院，2代表物理系，34代表年级（民国34年），013代表个人号码。当时公布成绩不张名，按学号公布，贴在图书馆院内的墙上。13在西方是不吉利的数字，但是在那时的北大却成了吉利的数字，因为每次公布成绩时，这个学号的成绩总是名列第一。老师和同学都知道这个学号是于敏的，于敏也就成了名冠校园，师生无不佩服和称赞的学生。

1949年，于敏本科毕业留校任助教，同时又报考了理学院院长张宗燧的研究生。张宗燧是国际上有名的物理学家，是第一位在剑桥开课的华人，他对学生的要求极为苛刻，就连讲课也是全程英文，在其他同学望而生畏之时，于敏却专找极难的课题挑战，他超强的记忆力，超群的理解力和领悟力，让整个理学院为之惊叹！

于敏当年还因一张成绩单轰动北大。有一年，北大代数考试特别难，数学系的平均成绩居然不足20分。而于敏在这次考试中，拿了100分！吊打整个北大物理系，甚至吊打整个北大数学系。整个北大里的学子，谁都不服，就服于敏，心甘情愿地称于敏为天才。

能被一群天才称呼为天才的人，究竟有多天才？大概已经不是凡人可以触摸的领域了。曾有一位日本专家来中国访问，听了于敏关于核物理方面的报告后问道："于先生是从国外哪所大学毕业的？"于敏风趣地说："在我这里，除了ABC外，基本是国产的！"听了这话，这位日本专家不免赞叹道："你不愧是中国国产专家一号！"

很快，一次秘密谈话，改变了于敏的人生轨迹。1961年1月的一天，于敏来到钱三强的办公室。一见到于敏，钱三强就直截了当对他说："经研究，决定让你作为副组长领导'轻核理论组'，参加氢弹理论的预先研究工作。"

从钱三强极其严肃的神情和谈话里，于敏了解到国家正在全力研制第一颗原子弹，也要尽快进行氢弹的理论研究。接着，钱三强拍拍于敏肩膀郑重地对他说："咱们一定要把氢弹研制出来。我这样调兵遣将，请你不要有什么顾虑，相信你一定能干好！"片刻思考之后，于敏紧紧握着钱三强的手，点点头，欣然接受了这一重要任务。

"国家兴亡，匹夫有责，面对祖国的召唤，我不能有另一种选择。"于敏毫不犹豫地表示服从分配，愿"留取丹心照汗青"。因为他忘不了童年"亡国奴的屈辱生活"带给他的惨痛记忆。

"中华民族不欺负旁人，也不能受旁人欺负，核武器是一种保障手段，这种民族情感是我的精神动力。"于敏后来这样说。

许诺易，践诺难。相比原子弹研究，于敏等人

◇ 轻核理论组

全称为"轻核反应装置理论探索组"，所谓"轻核"，指的是核子数小的原子核，如氕、氘、氚、氦等原子核都是轻核，轻核反应就是核聚变。

进行的氢弹研究完全是摸着石头过河，几乎从一张白纸开始，一点点探索氢弹理论。他和黄祖洽一起，领导轻核理论组，在4年的氢弹预研中做了大量工作，探讨了氢弹中的多种物理过程和可能结构，最终迎来了氢弹试验的空爆成功。

研制核武器的权威物理学家中，于敏几乎是唯一一个未曾留过学的人，但是这并没有妨碍他站到世界科技的巅峰，成为国际一流的科学家。诺贝尔奖得主、核物理学家玻尔访华时，称赞于敏是"一个出类拔萃的人"，是"中国的氢弹之父"。

对于"中国氢弹之父"的头衔，于敏并不认同。他说："核武器的研制是集科学、技术、工程于一体的大科学系统，需要多种学科、多方面的力量才能取得现在的成绩，大家必须精诚团结，密切合作。"为了心中的理想，于敏义无反顾地服从国家需要，隐姓埋名，穷微探理驭核能；淡泊一生，矢志报国献宏谋。

"失踪"17年的王淦昌

王淦昌（1907年5月28日—1998年12月10日），江苏常熟人。核物理学家，中国科学院院士。1929年毕业于清华大学物理系。1930年赴德国柏林大学留学，获博士学位。1934年回国。在从事核武器研制期间，他指导并参加了中国原子弹、氢弹研制工作，指导了中国第一次地下核试验，领导并具体组织了中国第二、第三次地下核试验。他积极促成建立了高功率激光物理联合实验室并一直指导惯性约束核聚变的研究，是中国惯性约束核聚变研究的奠基者。他先后获得国家自然科学奖一等奖、两项国家科技进步奖特等奖、1999年被授予"两弹一星功勋奖章"。

在中国国家博物馆存放着一个看似普通的木箱，上面写着"北京王京 <10>"等字样。我们不禁要问，王京是谁？这个木箱背后又有着怎样的故事？

1960年的冬天，远在苏联杜布纳联合原子核研究所（联合所）的王淦昌突然收到一封来自北京的绝密电报，要他马上回国领受新任务。

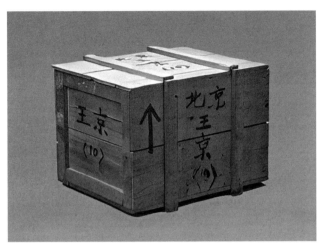

王淦昌使用过的木箱，现藏于中国国家博物馆

这年是王淦昌在苏联工作的第五个年头，在此期间，他在基础领域的研究取得了诸多重要成就，特别是他带领研究小组发现反西格玛负超子，使人类对微观物质世界的认识向前推进了一大步，受到了世界物理学界的高度关注。

对于科学家来说，联合所是一个理想的工作场所。这里学术氛围浓厚，没有与科研无关的会议和行政工作。王淦昌几乎把他全部的时间和精力都放在了科研工作上。

值得一提的是，各国派往联合所的工作人员都是有一定时间期限的，但王淦昌与众不同。当时，王淦昌的妻子吴月琴也来到杜布纳，照顾他的起居生活。为了能让王淦昌在此安心舒心地工作生活，联合所专门选派了画家为王淦昌画像，安排了家庭教师帮助王淦昌提高俄语水平，颇有长期留王淦昌于联合所之意。

◇ **反西格玛负超子**

王淦昌带领研究小组发现的反西格玛负超子是世界上第一次发现带电的反超子。这证明了科学家们关于反粒子存在的理论推测是正确的，基本粒子家族又增加了新的一员，同时加深了我们对基本粒子相互关系及其规律的认识。

但是，事情并没有朝着美好的愿景发展。1959年6月，苏联单方面撕毁了与我国签订的各项协议，又撤回了在我国各领域工作的全部苏联专家。我国刚刚起步的核工业遇到了极大困难。苏联人放言，没有他们的帮助，中国人20年也造不出原子弹来。当然，也有人不这样认为，有位苏联专家在临走前对二机部部长刘杰说："没关系。我们走了，你们有王淦昌。"显然，此时的王淦昌已经是被世界科学界认可的著名物理学家了。

王淦昌心里十分清楚，是时候回国了。他二话没说，于1960年12月24日悄然回国。

1961年4月的一天，二机部刘杰部长请王淦昌到办公室谈一谈。

"刘部长是很忙的。他这么急于见我，会有什么事呢？"王淦昌预感到一定是重要事情。

王淦昌快步登上二机部大楼。一走进二楼部长办公室，他就看到刘杰和副部长钱三强正在等他。

"王先生，今天请您来，想让您做一件重要的事情。请您参加领导原子弹的研制工作。"刘杰坦率地开门见山，党中央决定研制核武器，但"有人要卡我们，中国人要争这口气"。

刘杰部长坚定的语气、诚挚的目光，使王淦昌心中一颤。

王淦昌深知这件事情的重要性。出生于旧中国的王淦昌，对于国家贫弱时遭受的屈辱有着切身体会，他曾暗暗立下"科学救国"的志愿。朝鲜战争期间，美国不断向我国挥舞核大棒，王淦昌曾临危跨过鸭绿江，探测美国人是否在朝鲜投放了放射性物质。他深切感受到，新中国必须拥有强大的国防力量，必须拥有自己的原子弹。

在苏联的5年，王淦昌始终没有忘记为祖国服务。今天国家需要他改变熟悉的研究方向，投身原子弹研究。有人曾为之遗憾，认为王淦昌如果继续在原来的科研领域工作，极有可能叩开诺贝尔奖的大门。

然而，在王淦昌自己看来，与诺贝尔奖相比，祖国更为重要，国家利益高于一切。他说："能为国家兴亡出点力是光荣的，大家会欢迎，否则就受人唾弃。岳飞和秦桧就是例证，我从小就想着做岳飞那样的人。"

"我愿以身许国。"王淦昌毫不犹豫。

研制原子弹是国家最高机密工作之一，全体工作人员要长期隐姓埋名，上不能告父母，下不能告妻儿，需要断绝一切海外关系。王淦昌的儿子曾说，如果有人问他："你的爸爸在哪里？"他们就像母亲教的那样回答："我的爸爸，在一个信箱里。"

没有犹豫，王淦昌清楚研制原子弹需要高度保密，他脱口而出就叫"王京"，"王"是祖宗给的姓，"京"是北京的京，代表祖国。从此，王淦昌的名字在国际物理学界悄然消失，在我国核武器研制队伍中有了一位叫王京的领导者和学术带头人。

有意思的是，据曾与王淦昌共事多年的贺贤土院士回忆，当年中国核武器研制队伍中对外使用化名的，似乎只有王淦昌一人。究其原因，"可能是因为王老在国际上的知名度较高"。

从1961年至1978年，王淦昌隐姓埋名长达17年。

这17年，他的足迹从燕山山脉到青海高原，从大漠戈壁到深山峡谷。在燕山脚下，他领导年轻的科研工作者奏响了中国核武器事业爆轰实验的第一乐章；在青海高原，他和一大批杰出科学家完成了中国原子弹从0到1的突破；在大漠戈壁，他见证了中华民族挺直腰杆的惊天一响；在深山峡谷，他念念不忘"闪光一号"。

1978年6月，王淦昌从位于四川绵阳的二机部九院调回北京，担任二机部副部长，然后又兼任原子能研究所所长。这一年，王淦昌已经71岁高龄了，在西部偏远地区隐姓埋名工作17年后，他的名字终于解密，可以不用再叫"王京"了。

情景宣讲课片段
《草原大会战》

春风早度玉门关①

张爱萍在戈壁滩核爆试验现场

张爱萍，1910年生于四川达县（今达州市）。中国人民解放军高级将领，中国共产党优秀党员，久经考验的忠诚的共产主义战士，无产阶级革命家、军事家，现代国防科技建设的领导人之一，1988年被授予一级红星功勋荣誉章。新中国成立后，张爱萍将军长期从事国防科学技术和国防工业战线的领导工作，组织领导"两弹一星"大协作、大会战，先后4次担任核试验委员会主任委员、现场试验总指挥，成功组织了我国第一代地地导弹、首次原子弹塔爆和空爆及第三次原子弹爆炸试验。

　　1963年初的一天，张爱萍将军突然来到铁道部干部学校礼堂，台下就座的200多名刚分配到二机部的大学毕业生立刻报以热烈的掌声。张爱萍双手向下压了压，做了一个"停止"动作，说："先别鼓掌，我可是来动员你们到古代'充军'的地方去啊！"

---

　　① 本篇内容主要参考东方鹤著《张爱萍传》，人民出版社2000年。

听到这话，现场立刻爆发出一片笑声。

随着核武器研制的逐步推进，二机部决定将核武器研究所搬到青海新基地。由于新基地地处高原，气候寒冷缺氧，生活条件很艰苦，有的同志担心身体会垮掉而不愿去。为了打消大家的思想顾虑，二机部部长刘杰特意请张爱萍将军来给大家做动员报告，鼓励大家前往青海新基地。

"听说，你们中间有些人，在申诉不去西北的理由时，还吟诵了古代唐诗？"

台下笑声一片。

"好，我也来吟诵两首唐诗给大家听听。"张爱萍将军随即背诵起了王维的《送元二使安西》和王之涣的《凉州词》。

台下响起热烈掌声。

"大西北当然比不了首都北京，那里确实很艰苦，但也绝不是'西出阳关无故人'。五年前，解放军工程兵部队就已陆续开赴，18个厂区、4个生活区、近39公里的铁路专用线、75公里的沥青公路即将全面建成。'春风不度玉门关'已经成为历史，现在是'春风早度玉门关'了。等你们这批科技精英去了，那里的'春风'会更加和煦、更加温暖。"

又是热烈掌声。

"过去有句俗话叫，知识分子手无缚鸡之力。"张爱萍摇摇头，"这里，我要把它改成，知识分子手有擎天之力！你们这些大知识分子，到了那里，将要亲手放飞原子弹。到那时，我们祖国必将处处是

◇ 送元二使安西

〔唐〕王　维

渭城朝雨浥轻尘，
客舍青青柳色新。
劝君更尽一杯酒，
西出阳关无故人。

◇ 凉州词

〔唐〕王之涣

黄河远上白云间，
一片孤城万仞山。
羌笛何须怨杨柳，
春风不度玉门关。

和煦、温暖的春风!"

再次热烈掌声。

短短几分钟,张爱萍将军的讲话被掌声打断多次。他再次举起手向下压了压,继续说:"你们中有不少人读过《封神演义》,我小时候就很喜欢读这本书。里面有许多神话故事,什么来无影去无踪呀,千里眼、顺风耳呀,什么撒豆成兵、移山倒海呀,等等。这些神话,有的已经成为现实,有的即将成为现实。同志们,你们做的工作就是要把神话变为现实。将来,祖国和人民会为你们封神的。"

掌声四起。有几个年轻人已经跳跃欢呼起来。

"我再给大家读一首诗。"张爱萍提高嗓门说道。会场立马安静了下来,大家的目光又迅速集中到张将军身上。

"王昌龄的《从军行》,原诗有七首,我这里只读第四首。"

"青海长云暗雪山,孤城遥望玉门关。"张爱萍刚读完第二句,学生们倏地齐诵起"黄沙百战穿金甲,不破楼兰终不还"。

新中国成立以来,我们一直遭受美国的核威胁,要保卫国防安全,实现国家发展,就必须拥有我们自己的核武器。这些出生在旧中国的科学精英誓要为祖国披上黄金甲,不灭敌人决不回,响亮、坚定的朗诵声把动员大会推向了顶峰。

张爱萍激动万分地说:"最后,我宣布两件事:第一件事,陈毅元帅和聂荣臻元帅为了改善你们的生活,以他们个人的名义,向各大军区募集了一批粮食和副食品,正运往西北途中……"

掌声雷动。

"第二件事,中央决定派我同你们一起去西北。我打前站,会后就走。我向你们保证:我愿当你们的服务员,做好你们的后勤保障工作。"

掌声经久不息,在大礼堂里回响。

"张将军讲话这么短,却十分鼓舞人心!"

"太精彩了！没有大道理，只讲实际情况，我一下激动起来了！"

"跟着这样的将军干，大有希望，大有奔头！"

……

夹杂在热烈掌声中的感叹，是每一名大学生无悔奔赴祖国最需要的地方的决心书。

大会一结束，张爱萍就同刘杰一起，赶赴大西北。

广大科技人员也义无反顾地奔赴大西北。他们有的离开年迈父母，有的离开妻子和幼小子女，也有年轻的夫妇一同前往。他们隐姓埋名，服从祖国的需要，投入草原大会战的科研攻关工作中。

不入"虎穴"，焉得"虎子"

程开甲（1918年8月3日—2018年11月17日），江苏苏州人。核武器技术专家，中国科学院院士。1941年毕业于浙江大学物理系。1946年赴英国爱丁堡大学留学、工作。1950年回国。他创建了核试验研究所，成功地设计和主持了首次原子弹、氢弹、导弹核武器和增强型原子弹等不同方式的几十次核试验，创立了我国自己的系统核爆炸及其效应理论，奠定了我军核武器应用基础。他先后获得国家科技进步奖特等奖、何梁何利基金科学与技术进步奖，1999年被授予"两弹一星功勋奖章"。2014年，荣获2013年度国家最高科学技术奖。2017年7月28日，中央军委主席习近平签署命令，授予程开甲"八一勋章"。2019年9月17日，国家主席习近平签署主席令，授予程开甲"人民科学家"国家荣誉称号。

1963年7月，美、英、苏三国签订了《关于禁止在大气层、外层空间和水下进行核武器试验的条约》。这一条约的实质是巩固超级大国的核武器垄断地位，限制其他国家发展核技术和核武器。

"必须打破超级大国核垄断！"在进行了一定数量的大气层核试验

之后，尽快将核试验从空中转入地下，是国际政治形势发展的要求，也是军事保密的需要，更是核试验技术发展的需要。早在我国第一颗原子弹爆炸试验紧张筹备之际，程开甲便秣马厉兵，积极推动地下核试验的研究。

核装置深埋地下，能参考的资料稀少，核爆炸的现象以及核爆炸产生的破坏效应像是笼罩在程开甲心中的一层迷雾。

怎么办？

为了消除这层迷雾，第二次地下核试验后，程开甲和朱光亚决定亲自进入爆炸后的坑道，看看地下的坑道和测试间爆炸后的情况，以获取核爆炸后的第一手资料，做到心中有数（地下核试验中的近区物理测量仪器就是放在测试间里的）。

进入挖开的地下核爆炸现场，就如同进入了一个未知的恐怖世界。即使穿着最先进的防护服，辐射的威胁也无法完全消除。每一次呼吸都是把肺部暴露在无形但致命的辐射攻击之下。空气炽热而沉闷，温度高达40摄氏度。岩体在爆炸的冲击下变得破碎而脆弱，随时有可能发生二次坍塌，靠近测试间10多米长的通道被挤压成直径仅80厘米的管道，其余的已被堵死。在这个核爆炸后的空间里，任何轻微的动静都可能引发新的灾难，每一个决定都是生死选择。钻到原子弹爆炸后的通道和测试间里去，在核试验的历史上也是少有的事情。

情况凶险，在场人员都劝程开甲他们在洞口看

◇ **地下核试验**

地下核试验是将核装置放到一定深度的地下进行核爆炸，一般分为平洞和竖井两种方式。与大气层核试验比较，地下核试验技术要求高，工程量大，但具有大气层核试验难以做到的优点：可以将放射性产物基本控制在地下，有利于环境保护和技术保密，同时还有利于爆后取得各种反应产物的样品。

看就行了，不要继续冒险前进。可程开甲不答应，他说："你们听过'不入虎穴，焉得虎子'这句话吧？"

研究所的同志只能为他们做好防护措施，程开甲他们从主坑道进入，随后钻进一条窄窄的通道，爬行十几米进入测试间，测试间内只有石英石烧结生成的黑色玻璃体和破碎的石块，其余都已荡然无存。程开甲非常兴奋，一边指导技术人员详细记录各种物理现象，收集好玻璃体标本，一边说："好！好！和我们的理论分析基本一样。"类似深入"虎穴"的情况时常在程开甲身上发生。程开甲说，每深入"虎穴"一次，他对核爆炸现象与核破坏效应的认识就会提升一次，"亲眼所见"与"亲耳所闻"是完全不同的两个概念。

我国首次地下竖井核试验前，程开甲一再坚持下井查看爆心的位置。因为井很深，不确定的因素很多，没人敢同意他下井。在没有亲自确认之前，程开甲总是觉得心中不踏实，他需要确认每一个细节，以确保试验的准确可靠，哪怕再危险，他也要去看一看。核试验基地副司令员孙洪文实在拗不过他，只得同意他"最多下到100米，多1米都不行"。上来后，他说："看到实际情形，心中就踏实了。"

当核爆炸"零时"一过，程开甲又立即赶到爆心地表勘察现场。那里的地面已经扬起尘土，出现裂缝。随身携带的钢笔杆粗的放射性探测器尖叫不停，对强辐射发出警报。但程开甲就像没有听到似的，仍然坚持在爆心地表查看后才离开。

返回的路上，通信员李国新忍不住问程开甲："首长，您真的不害怕吗？"程开甲回答说："害怕。但我更担心我们的核试验事业，因为那也是我的生命呀！你说我能不去吗？"

从1963年第一次踏入号称"死亡之海"的罗布泊，到最后回到北京定居，程开甲在茫茫戈壁工作生活了20多年。20多年里，作为我国核试验技术的总负责人，他成功地参与主持决策了包括我国第一颗原子弹、氢弹、增强型原子弹、两弹结合以及地面、首次空投、首次地下平洞和首次竖井试验在内多种试验方式在内共计30多次的核试验任务。

百岁之时，回溯过往，程开甲曾直言："非常庆幸我一生能为国家尽力，能实现'奉献'的人生价值。现在，我可以自豪地说，我一生遵循热爱国家、热爱科学的信条，为了国家的强大不断创新、不断拼搏，用自己的科学知识报效国家。"

为第一颗原子弹装上强劲的"心脏"

吴自良（1917年12月25日—2008年5月24日），浙江浦江人。物理冶金学家，中国科学院院士。1939年毕业于国立西北工学院航空工程系。1948年赴美国匹兹堡卡内基理工学院冶金系学习并获理学博士学位。1950年底回国，在中国科学院上海冶金所担任副所长，领导从事气体扩散法分离铀同位素用的"甲种分离膜"的研制和生产，为打破超级大国的核垄断、发展我国的核工业和核武器作出了重要贡献。他先后获得国家发明奖一等奖、国家科技进步奖特等奖、何梁何利基金科学与技术进步奖，1999年被授予"两弹一星功勋奖章"。

铀-235是制造原子弹必需的材料，而要获取足够浓度的铀-235则离不开一种名为甲种分离膜的核心材料。一穷二白、面临着技术封锁的中国是如何突破这项被美国、苏联牢牢把握且列为绝密级国防机密的技术的？

用于发生核裂变反应的浓缩铀，需要用分离铀同位素的技术将铀-235和铀-238这对"双胞胎"同位素分开，提炼出浓度达到90%以上的铀-235。在20世纪五六十年代，气体扩散法是分离铀同位素唯一的工业规模方法。用气体扩散法以工业规模生产放射性铀-235，就必须拥有关键元件——甲种分离膜，这被称为原子弹核部件的"心脏"。在20世纪60年代以前，该技术仅被美、苏、英三国拥有，且均被列为国家核心机密。

◇ **气体扩散法**
气体扩散法是利用气体通过多孔膜来分离同一元素的不同同位素的一种方法。

为了突破这一技术难题，经过技术评估，该任务集中落到上海冶金研究所。接到这一任务后，时任上海冶金研究所副所长的吴自良非常激动。他想：我舍弃国外优厚的科研和物质条件回国，不就是盼着为祖国母亲贡献自己的才智吗？面临着这一艰巨的难题，吴自良毅然放下自己手中的任务，挑起了研制甲种分离膜的重担。

上海冶金研究所立即成立了第十研究室，专门负责甲种分离膜的研制，由吴自良担任主任。第十研究室共有77人，其中大多是来自上海冶金研究所、北京原子能研究所、沈阳金属所、复旦大学4家单位的科研人员。

一天，时任二机部副部长兼原子能所所长的钱三强捧着一个管状的金属部件问吴自良："你知道这是什么吗？"吴自良困惑地看着这一金属部件，摇了摇头。

"这就是你们要研制的分离膜呀！"钱三强将分离膜递了过去。吴自良十分惊异，伸出双手去接。

"要拿，就一定要拿住它，若掉在地上，只有靠磁铁才能把成千上万个碎片吸起来，如果缺少一块，它就不能正常工作。"

"这是哪国的产品？"吴自良捧着分离膜凝视片刻，问道。

"苏联的，"钱三强语气沉重地说，"他们撤走了全部专家。连图纸、资料一起带走了。现在，我们花大价钱从苏联进口的扩散机，因为没有分离膜而停产，已经生锈啦。为了国家的独立，我们一定要建立起自己的核工业体系，一定要有我们自己的核武器。"

苏联人曾说，甲种分离膜是社会主义阵营安全的心脏。苏联专家在撤离中国时，带走了这项绝密级别的分离元件技术资料。面对国际社会对这一技术的封锁，吴自良下定决心，哪怕是历经千难万险也要制造出自己的甲种分离膜。

看起来普普通通的甲种分离膜，在制造时有着极高的要求。它涉及粉末冶金、物理冶金、机械加工等多方面的技术。要攻克这些，才能奠定研制甲种分离膜的基础。这些技术在当时的中国尚属空白，只能凭借自己的智慧探究摸索，从零开始解决问题。

按照研制要求，第十研究室的科研人员分成了三组：第一组负责研制原料，第二组负责重要工艺，第三组负责测试。作为第十研究室的主任吴自良，需要全面了解和掌握三个小组的情况。他每天和3个小组的工作人员在一起，检查各组的进展情况，随时给予必要的支持。按照当时的计划，1965年之前需要完成整个原子弹的研制工作，时间紧，任务重，甲种分离膜的研制必须尽快突破。

攻克甲种分离膜的3年，吴自良每天的工作时间超过10小时，逢年过节也不休息，接连4年的国庆节，他都没有离开过实验室，就连春节也很少与家人团聚。

凭借第十研究室所有人的努力，1963年底终于成功独立创造出甲种分离膜，使中国成为世界上除了美、英、苏以外第4个独立掌握浓缩铀生产技术的国家，为独立自主、自力更生发展我国的核武器和核工业作出了重要贡献。

1964年10月16日，中国第一颗原子弹在西部沙漠中成功爆炸，吴自良得知此喜讯后，激动不已，热泪盈眶。后来在接受采访时，吴自良回忆起那一刻仍十分激动，他深情地告诉记者：能为自己的祖国做好一件事，一生何求！

八千里路徒步巡逻

地点：罗布泊；路程：8300里；方式：徒步；时间：180天；工具：一张军用地图和一个指南针；负重：74斤。毫无疑问，按照以上条件在荒凉的罗布泊走上一遭是难以想象的，可这却是真实发生过的。

◇ **核试验基地**

我国核试验基地位于新疆巴音郭楞蒙古自治州境内，深处罗布泊荒漠之中。1958年党中央决定将原子靶场建在此地，并于次年改称核试验基地，因这里遍地生长着旺盛的马兰草，大家又称之为马兰基地。这里承担了我国从1964年至1996年的全部45次核试验。

我国的核试验基地位于新疆罗布泊地区，这一地区的地形地貌较为复杂，不仅有广袤的戈壁、沙漠，还有丘陵、河流、沼泽等。同时，由于苏联人参与了基地的修建，他们对基地的情况也比较了解。

核试验不能受到半点干扰，不能出现半点差错。

1964年4月，为了防止敌对国空投空降搞破坏，核试验基地决定清出试验区范围内的流动人员，以确保首次核试验顺利进行。同时，为了保障安全，核试验基地决定组建一支精悍的巡逻小分队，担负基地的安全巡逻任务。警卫四连根据指示，抽调副连长何仕武，排长王万喜，战士王俊杰、司喜忠、丁铁汉、潘友功和卫生员王国珍共7人组成巡逻小分队，由何仕武担任队长，王万喜担任副队长。

为了保密，这支小分队当时被称为"打猎队"。

出发前，7名队员在决心书上按下血指印，写好遗书，做好了牺牲的准备。

4月15日，"打猎队"开始了8000多里的徒步巡逻。他们每人都背着被子、毛毡、雨衣、水壶、270发子弹、8个手榴弹、一支冲锋枪、行军镐，还有粮袋和炊具，平均负重74斤。但这对他们来说并不算什么，因为他们已经历过朝鲜战场上的枪林弹雨。

巡逻小分队对此次任务高度重视和警觉。队长指定司喜忠、潘友功担任巡逻尖兵，在前方开路，全队呈三角战斗队形前进。队长何仕武、副队长王万喜时前时后指挥队形。

大约7月份，巡逻小分队到达楼兰古城，对楼兰古城遗址的勘察让每个人终生难忘。后来副队长王万喜回忆道："眼冒星，嘴吐烟，汗出尽，力用完，盛夏缺水两昼夜，向前一步如登天。3剂糖液7人喝，上甘岭事现眼前。"

那一天，7人吃过早饭，出发去往楼兰古城遗址。从地图上看，古城遗址距离他们的宿营地仅有20多公里，于是他们决定每人带两壶水和一些饼干，晚上返回宿营地。不料那一带的地形特别复杂，开始是芦苇塘、深沟断堑，往前走是干涸的原始胡杨林，再往前是更难走的沙漠。烈日灼烧着大地，蒸腾起滚滚热浪，走起路来脚发烫，坐下来烙屁股，双眼又被一望无际的黄沙发出的光芒刺得生疼。

13小时后，他们终于到了楼兰。此时天色已晚，夜晚勘察将变得更加困难，加之带的两壶水也所剩无几，又渴又饿又累的7人来不及休息，立即分兵三路进行实地勘察。不一会儿，丁铁汉发现了一些土陶碎片，这让大伙的精神为之振奋，仿佛消失千年的楼兰文明即将呈现在他们眼前。远处，潘友功已经登上了土堡，他用行军镐在黄土上挖了挖，发现了与土块粘在一起用细树条拧成的绳子，后又在周围几处进一步开挖，证实了此处不是自然高地，而是人工筑起的高墙。大家很兴奋，纷纷分析这可能是楼兰古城的城墙一角。

对这座神秘古城遗址的探寻，让大家忘记了时间。等到任务完成准备返回时，天已经完全暗了下来，7人携带的水集中起来也只有半壶了。

大家决定不能在此过夜，必须连夜返回。因为大漠中昼夜温差很大，白天气温热到40摄氏度以上，夜晚又会骤降到几摄氏度，如果不返回，一热一冷、一渴一累，会使情况更加糟糕。

说走就走。7人对着指南针，朝着远处一条在月光下明晃晃闪光的河流走去。走了许久，都没有走到。一直走到东方出现亮光的时候，才发现闪光处是一片石滩，并且这里完全是陌生地带，也不是来时的路。对照地图，他们才发现走偏了。本该向西北，却走向了东北，等于一夜没走。王万喜后来回忆说："当时大家不约而同蹲下了。太阳出来了，像火。坐在那里不想动了。一想，我们完了。准备牺牲吧！想起基地首长说遇到困难了要学习毛主席著作。可书拿出后，谁也没能读出声音来。我们翻到《为人民服务》，指着毛主席说的那条'我们的同志在困难的时候，要看到成绩，要看到光明，要提高我们的勇气'，互相鼓励一番。爬也要爬回去向首长汇报，不能等死。半壶水在队长的命令下你推我让喝完了，继续走。有的摔倒后，喊不出声音。走一步咬咬牙，如不下决心，连回头的力也没有了。特别是下午更不想动，只想坐下来休息。"

在这危急时刻，巡逻小分队里的3名党员开了一次党小组会议，要求大家为了完成党交给的任务，就是死身体也要倒向前方。

又走了没多久，几个队员连着摔倒几次。嘴唇干得出血，身上的汗早已流干，大家互相搀扶着，强撑着身体，一摇一摆地向前走。

太阳再次落山，队员们已经一天一夜没吃东西了，队长决定把仅有的3支葡萄糖拿出来喝了。葡萄糖在大家的手里你传给我，我传给你，传到最后一人，3 支葡萄糖一滴没少，大家都没舍得喝，队长的眼角湿润了，大家的眼角湿润了，7 人紧紧拥抱在一起。

"别再推让了，"队长直接命令，"4 名团员每两人一支，3 名党员分一支。"

丁铁汉后来回忆："那时我们想起了上甘岭上一个苹果的故事，那点葡萄糖液，也只能湿湿嘴唇，但体现了革命友情，比看上甘岭电影还受教育，大家鼓足了劲，爬起来继续走，到了河边，趴在那里就喝开了，苦水也觉得甜了。"

又走了一夜，直到第二天天亮，7 人才回到生活点。

这是一次要命的经历，却也是一次幸福的经历。潘友功回忆起此次经历说："什么叫幸福啊？克服了困难，取得了胜利是最幸福的，不经历那样的困难，也就体会不到那样的幸福。"

实际上，巡逻小分队在几个月的巡逻过程中，没有抓到一个特务，甚至没有看到一个人影，倒是打到了几只野猪、野鹿、野鸭……

几天后，张爱萍将军听说了巡逻小分队的事迹，他决定去看望这 7 名可爱的战士。

10 月 1 日，张爱萍来到了巡逻小分队的生活点。队员们十分激动，没想到首长会亲自来看他们，纷纷围绕着张将军汇报几个月来的巡逻情况。张爱萍一边听一边考察了队员们在野外的宿舍，随即伏在一个木箱上，挥笔写道：

> 人民战士不怕难，
> 巡逻戈壁保江山。
> 沙岭连绵腾细浪，
> 罗布湖洼满胯间。

饥食野肉饮苦水，

风雹露宿促膝谈。

八千里路再艰险，

主席思想是源泉。

第一颗原子弹爆炸后······①

十、九、八、七、六、五、四、三、二、一，起爆。

随着倒计时的结束，一只手有力地按向红色按钮。

一道强烈的白光掠过茫茫戈壁，传来一声轰隆隆的雷霆巨响，大地震颤，遥远的天边，一个火球缓缓裂变，红云般的蘑菇翻卷升腾，绽放在天地之间。这一刻是1964年10月16日15时整。

就在这一瞬间，超高的温度直接将托举原子弹的"701"铁塔熔化，瘫软在地。周围的坦克、飞机、大炮、楼房等效应物被摧毁，各种工号内的测试仪器高速旋转······

1964年10月16日，中国第一颗原子弹在罗布泊成功爆炸，图为爆炸产生的蘑菇状烟云

---

① 本篇内容主要参考陶纯、陈怀国著《国家命运——中国"两弹一星"的秘密历程》，上海文艺出版社2011年。

离爆心60公里的白云岗观察所，上千米的壕沟内外，几千人叫着、跳着、笑着、拥抱着，他们把帽子抛向空中……王淦昌、彭桓武、郭永怀、朱光亚、邓稼先等科学家和张爱萍、刘西尧、吴际霖等领导，都流下了喜悦的泪水。

大概30秒后，核试验总指挥张爱萍拨通了周恩来总理的电话。此时，周总理也焦急地守在电话旁。平时猝然不惊的张爱萍此时也难以抑制内心的激动，声音嘶哑地喊道："总理，首次核爆炸成功了！"

"是不是真的核爆炸？"周恩来总理兴奋不已，但仍冷静地要求张爱萍确认是否是核爆。

张爱萍扭头向王淦昌确认："总理问是不是真的核爆炸？"

"是核爆炸！"王淦昌肯定地回答。

科学家们不会轻易下结论。是不是真的核爆炸，王淦昌、朱光亚、彭桓武等科学家，用各种方法核对了工程兵、防化兵在第一线拿到的数据，证实了确实是核爆炸，而且数据很理想。在试验现场共布置了1700多套测试设备（含效应试验），这些测试设备全部获得了测试信号与数据，经过对这些数据的综合分析、研判，爆炸当量约在2万吨以上，与理论设计基本吻合。

周总理得到证实的消息后，立即向毛主席做了汇报，同时口述，要秘书记录并向前方发去贺电：

爱萍、西尧同志：

消息传来，甚为兴奋，特向你们并通过你们向全体参加这一试验工作的同志们，致以热烈的祝贺。

张爱萍立即通过扬声器向大家转达了周总理的祝贺！

顿时，场上又是一片欢腾。张爱萍不敢沉醉在胜利的欢乐中，他要尽快掌握试验后所得数据的具体情况。

张爱萍组织专家进行研究分析，再次确认了这是一次当量在2万吨以上的核爆炸。中国首次核试验取得了圆满成功。

随后，张爱萍、刘西尧将这一结果正式电报周恩来、林彪、贺龙、聂荣臻、罗瑞卿并报毛泽东主席、中共中央和中央军委。

当晚，中共中央和国务院给试验委员会和全体参试人员发来贺电：试验的成功，标志着我国国防现代化进入了一个新阶段。这是全国人民贯彻执行了党的正确路线，发扬了自力更生、奋发图强的革命精神的结果。

当晚在马兰基地的庆祝会上，张爱萍端着酒杯，走遍全场，逐一敬酒。大家也纷纷回敬。气氛十分热烈。张爱萍激情难捺，当即填词。

清平乐·我国首次原子弹爆炸成功

东风起舞，

壮志千军鼓。

苦斗百年今复主，

矢志英雄伏虎。

霞光喷射云空，

腾起万丈长龙。

春雷震惊寰宇，

人间天上欢隆。

傍晚5时，毛泽东主席、刘少奇主席、周恩来总理及中央其他领导同志一起到人民大会堂宴会厅，接见音乐舞蹈史诗《东方红》创作和演出的全体人员。这是临时安排的一次接见。当党和国家领导人步入宴会厅时，早已排好队的各民族的艺术家热烈鼓掌、欢呼。

周总理神采飞扬，健步上前，大声说："同志们，大家欢迎毛主席给我们讲话！"

毛主席微笑着挥挥手："还是你来讲。"

周总理大步走到扬声器前，无比兴奋地说："同志们，报告大家一个好消息，我们的第一颗原子弹爆炸成功了！"

整个宴会厅立即沸腾起来，"毛主席万岁！""中国共产党万岁！""中华人民共和国万岁！""各族人民大团结万岁！"的欢呼声、口号声此起彼伏，经久不息。

周总理风趣地对大家说："大家可以欢呼，但不要跳跃，不要把地板震塌了。"总理的话，引起台下一阵笑声。周总理接着说道："毛主席早就说过，原子弹并不可怕，原子弹是纸老虎，但我们不能没有它。我们进行核试验，掌握核武器，是为了打破核垄断，防止核战争，消灭核武器，保卫世界和平。"

几小时后，日本传出的消息，说中国可能在西部地区爆炸了一颗原子弹。不久，又收到了美国的广播。深夜11时，中央人民广播电台播发了新华社关于中国在西部地区成功实行了第一次核试验的《新闻公报》，同时播发阐明中国政府对于核武器立场的《中华人民共和国政府声明》。

公报全文如下：

> 1964年10月16日15时（北京时间），中国在本国西部地区爆炸了一颗原子弹，成功地实行了第一次核试验。
>
> 中国核试验成功，也是中国人民对于保卫世界和平事业的重大贡献。
>
> 中国工人、工程技术人员、科学工作者和从事国防建设的一切工作人员，以及全国各地区和各部门，在党的领导下，发扬自

力更生、奋发图强的精神，辛勤劳动，大力协同，使这次试验获得了成功。

中共中央和国务院向他们致以热烈的祝贺。

政府声明全文如下：

1964年10月16日15时，中国爆炸了一颗原子弹，成功地进行了第一次核试验。这是中国人民在加强国防力量、反对美帝国主义核讹诈和核威胁政策的斗争中所取得的重大成就。

保护自己，是任何一个主权国家不可剥夺的权利。保卫世界和平，是一切爱好和平的国家的共同职责。面临着日益增长的美国的核威胁，中国不能坐视不动。中国进行核试验，发展核武器，是被迫而为的。

中国政府一贯主张全面禁止和彻底销毁核武器。如果这个主张能够实现，中国本来用不着发展核武器。但是，我们的这个主张遭到美帝国主义的顽强抵抗。中国政府早已指出：1963年7月，美英苏三国在莫斯科签订的部分禁止核试验条约，是一个愚弄世界人民的大骗局；这个条约企图巩固三个核大国的垄断地位，而把一切爱好和平的国家的手脚束缚起来；它不仅没有减少美帝国主义对中国人民和全世界人民的核威胁，反而加重了这种威胁。美国政府当时就毫不隐讳地声明，签订这个条约，决不意味着美国不进行地下核试验，不使用、生产、储存、输出和扩散核武器。一年多来的事实，也充分证明了这一点。

一年多来，美国没有停止过在它已经进行的核试验的基础上生产各种核武器。美国还精益求精，在一年多的时间内，进行了几十次地下核试验，使它生产的核武器更趋完备。美国的核潜艇进驻日本，直接威胁着日本人民、中国人民和亚洲各国人民。美国正在通过所谓多边核力量把核武器扩散到西德复仇主义者手中，威胁德意志民主共和国和东欧社会主义国家的安全。美国的潜艇，携带着装有核弹头的北极星导弹，出没在台湾海峡、北部湾、地中海、太平洋、印度洋、大西洋，到处威胁着爱好和平的国家和一切反抗帝国主义和新老殖民主义的各国人民。在这种情况下，怎么能够由于美国暂时不进行大气层核试验的假象，就认为它对世界人民的核讹诈和核威胁不存在了呢？

大家知道，毛泽东主席有一句名言：原子弹是纸老虎。过去我们这样看，现在我们仍然这样看。中国发展核武器，不是由于中国相信核武器的万能，要使用核武器。恰恰相反，中国发展核武器，正是为了打破核大国的核垄断，要消灭核武器。

中国政府忠于马克思列宁主义，忠于无产阶级国际主义。我们相信人民。决定战争胜负的是人，而不是任何武器。中国的命运决定于中国人民，世界的命运决定于世界各国人民，而不决定于核武器。中国发展核武器，是为了防御，为了保卫中国人民免受美国发动核战争的威胁。

中国政府郑重宣布，中国在任何时候、任何情况下，都不会首先使用核武器。

中国人民坚决支持全世界一切被压迫民族和被压迫人民的解放斗争。我们深信，各国人民依靠自己的斗争，加上互相支援，是一定可以取得胜利的。中国掌握了核武器，对于斗争中的各国革命人民，是一个巨大的鼓舞，对于保卫世界和平事业，是一个巨大的贡献。在核武器问题上，中国既不会犯冒险主义的错误，也不会犯投降主义的错误。中国人民是可以信赖的。

中国政府完全理解爱好和平的国家和人民要求停止一切核试验的善良愿望。但是，越来越多的国家懂得，核武器越是为美帝国主义及其合伙者所垄断，核战争的危险就越大。他们有，你们没有，他们神气得很。一旦反对他们的人也有了，他们就不那么神气了，核讹诈和核威胁的政策就不那么灵了，全面禁止和彻底销毁核武器的可能性也就增长了。我们衷心希望，核战争将永远不会发生。我们深信，只要全世界一切爱好和平的国家和人民共同努力，坚持斗争，核战争是可以防止的。

中国政府向世界各国政府郑重建议：召开世界各国首脑会议，讨论全面禁止和彻底销毁核武器问题。作为第一步，各国首脑会议应当达成协议，即拥有核武器的国家和很快可能拥有核武器的国家承担义务，保证不使用核武器，不对无核武器国家使用核武器，不对无核武器区使用核武器，彼此也不使用核武器。

如果已经拥有大量核武器的国家连保证不使用核武器这一点也做不到，怎么能够指望还没有核武器的国家相信它们的和平诚意，而不采取可能和必要的防御措施呢？

中国政府一如既往，尽一切努力，争取通过国际协商，促进全面禁止和彻底销毁核武器的崇高目标的实现。在这一天没有到来之前，中国政府和中国人民将坚定不移地走自己的路，加强国防，保卫祖国，保卫世界和平。

我们深信，核武器是人制造的，人一定能消灭核武器。

同时，《人民日报》印发了套红号外，并转载了公报和声明全文。
一时间，大街小巷红旗飘荡，号外漫天飞……

情景宣讲课片段
《最后一封家书》

危难时刻，他选择了用生命守护绝密科研数据

郭永怀（1909年4月4日—1968年12月5日），山东荣成人。力学家、应用数学家、空气动力学家。1935年毕业于北京大学物理系。1940年赴加拿大多伦多大学应用数学系留学，获硕士学位，1945年获美国加州理工学院博士学位。1957年回国。他是近代力学事业的奠基人之一，长期从事航空工程研究，在我国原子弹、氢弹的研制工作中，领导和组织爆轰力学、空气动力学、飞行力学、

结构力学等研究工作，解决了一系列重大问题。1968年12月25日，国务院授予郭永怀烈士称号，1985年补授予国家科技进步奖特等奖，1999年中共中央、国务院、中央军委追授郭永怀"两弹一星功勋奖章"。

　　1956年初夏，美国康奈尔大学航空研究院师生为送别郭永怀夫妇举行了一场野餐会。正当大家兴致勃勃地讨论学术问题时，郭永怀突然把自己在美国10余年积累的厚厚书稿，一页一页地投入篝火之中，看着它们烧成灰烬。这一举动惊呆了所有人，一时间沉默无语。在一旁的郭永怀夫人李佩也感到惋惜，但她深知这是郭永怀的被迫之举，更是他

的坚定之举。

1946年，已获得博士学位的郭永怀受康奈尔大学邀请，到该校航空研究院任教。之后，他同好友钱学森一起提出"上临界马赫数"，为解决飞机的超声速飞行奠定了理论基础。此外，他还发展了奇异摄动理论，形成一种新的数学方法，即现在被国际社会公认的PLK（庞家勒–赖特希尔–郭永怀）方法，已在多个学科广泛应用。

众多的成就使郭永怀成为享誉世界的知名科学家。然而，令郭永怀万万没有想到的是，他的这些重要成就和国际声望却成为学成归国的羁绊。刚成立的新中国和美国关系十分紧张，美国政府绝不允许像郭永怀这样的知名科学家回到中国。

为了使归国之路顺利一些，郭永怀才有了上述烧毁书稿的举动。郭永怀坦然表示，那些装在脑子里的科学知识是属于他自己的，是烧不掉的。他读过的书和他的梦想，是别人拿不走的。郭永怀曾撰文写道："这几年来，我国在共产党领导下所获得的辉煌成就，连我们的敌人，也不能不承认。在这样一个千载难逢的时代，我自认为，作为一个中国人，有责任回到祖国，和人民一道，共同建设我们美丽的山河。"这是郭永怀留学美国的初衷，任教于康奈尔大学之时，他就明确表示："我来贵校是暂时的，将来在适当的时候就要离开。"因此，他在是否申请机密资料的表格栏中填了"NO"。

1955年，钱学森准备回国了，郭永怀很想和好友一起回去，但因为与美方签订的科研和教学合同还没有完成不能走。离别之时，他对钱学森说："放心吧，我明年就回去，你先走，为我打基础。"

1956年的秋天，郭永怀和夫人李佩带着女儿郭芹登上克利夫兰总统号，启程回国。

回到阔别16年的祖国，郭永怀激动不已。祖国翻天覆地的变化，坚定了郭永怀要干一番事业的决心。不久，组织正式决定让郭永怀到力学研究所担任副所长。从此，他把全部热情和精力都倾注到我国力学科学和尖端技术研究的事业中了。

1968年，郭永怀主持了第一颗热核导弹的试验，频繁奔波于北京和青海之间。12月4日，试验任务安排好了，郭永怀决定乘坐飞机回北京汇报。北京与青海相距1600多千米，坐火车要一天时间，坐飞机只要两三个小时。郭永怀手中还有导弹、卫星很多力学方面的问题需要研究，事情一大堆，他怕时间不够用，顾不上周总理要求大家尽量不坐飞机，安全第一的叮嘱，决定当晚搭乘飞机返回北京。

5日凌晨，飞机到达北京准备降落，距离地面还有400米高度时，遭遇到高空"切变风"，突然失去了平衡，一头扎进附近的玉米地里燃烧起来。

在失事现场，救援人员发现了两具紧紧拥抱的尸体。他们的身体被烧焦了，分开他们的时候花费了很大的力气。当人们将他们分开时，发现他们两个人的胸部中间有一个皮质的公文包。公文包里一份重要资料完好无损。这两个逝者就是郭永怀和他的警卫员牟向东。

那几秒钟的时间里，郭永怀选择了誓死保护好事关国家安全的绝密资料。

钱学森在知道郭永怀牺牲的消息后，痛哭不已。1980年，钱学森在《我心中的郭永怀》一文中写道："是的，就那么十秒钟，一个有生命、有智慧的人，一个全世界知名的优秀应用力学家就这样离开了人世；生和死，就那么十秒钟！"

1968年12月13日，在中央专委会议上，周恩来总理说："郭永怀同志不幸遇难，我很难过。让我们为他默哀！"周恩来总理起立，全体人员低头默哀！

1968年12月27日，在郭永怀牺牲后的第22天，我国第一颗热核导弹试验成功……这里浸透着郭永怀太多的心血，这一刻他却永远看不到了。

我心中的郭永怀

现在已是20世纪80年代的第一春。还要倒数到第11个冬天，郭永怀同志因公乘飞机，在着陆中事故牺牲了。是的，就那么十秒钟吧，一个有生命、有智慧的人，一个全世界知名的优秀应用力学家就离开了人世；生和死，就那么十秒钟！

十秒钟是短暂的。但回顾往事，郭永怀同志和我相知却跨越了近30个年头，而这是世界风云多变的30个年头呵。我第一次与他相识是在1941年底，在美国加州理工学院。当时在航空系的有林家翘先生、有钱伟长同志，还有郭永怀同志和我。在地球物理系的有傅承义同志。林先生是一位应用数学家。傅承义同志专的是另外一行。钱伟长同志是一个多才多艺的人。所以，虽然我们经常在一起讨论问题，但和我最相知的只有郭永怀一人。他具备应用力学工作所要求的严谨与胆识。当时航空技术的大问题是突破"声障"进入超声速飞行，所以研究跨声速流场是个重要课题。但描述运动的偏微分方程是非线性的，数学问题难度很大。永怀同志因问题对技术发展有重大意义，故知难而进，下决心攻关。终于发现对某一给定外形，在均匀的可压缩理想气体来流中，当来流马赫数达到一定值，物体附近的最大流速达到局部声速，即来流马赫数为下临界马赫数；来流马赫数增加，物体附近出现超声速流场，但数学解仍然存在；来流马赫数再增加，数学解会突然不可能，即没有连续解，这就是上临界马赫数。所以真正有实际意义的是上临界马赫数，而不是以前大家所注意的下临界马赫数，这是一个重大发现。

1946年秋，郭永怀同志任教于由W.R.Sears主持的美国康奈尔大学航空学院，我也去美国加州理工学院，两校都在美国东部，而加州理工学院在西部，相隔近三千公里，他和我就驾车旅行。有这样知己的同游，是难得的。所以当他到了康奈尔大学时，我还要一个人驾车继续东行到麻省理工学院，感到有点孤单。

1949年，我再次搬家，又到美国加州理工学院任教，所以再一次开车西行，中途到康奈尔大学。这次我们都结了婚，是家人相聚了，蒋英也再次见到了我常称道的郭永怀和李佩同志。这次聚会还有Sears夫妇，都是我们在加州理工学院的熟朋友。我们都是我们的老师 T.V.Karman 的学生，学术见解很一致，谈起来逸趣横生。这时郭永怀同志又对跨声速气动力学提出了一个新课题：既然超出上临界马赫数不可能有连续解，在流场的超声速区就要出现激波，而激波的位置和形状是受附面层影响的，因此必须研究激波与附面层的相互作用。这个问题比上临界马赫数问题更难，连数学方法都得另辟新途径。这就是PLK方法中Kuo（郭）的来源。现在我们称奇异摄动法。这项工作是郭永怀同志的又一重大贡献。

郭永怀同志之所以能取得这两项重大成果，是因为他治学严谨且遇事看得准，有见识；而一旦看准，有胆量去攻关。当然这是我们从旁见到的，我们也许见不到的是他刻苦的功夫，呕心沥血的劳动。

我再见到永怀同志是1953年冬，他和李佩同志到加州理工学院，他讲学。我也有机会向他学习奇异摄动法。我当时的心情是很坏的，美国政府不许我回归祖国而限制我的人身自由。我满腔怒火，向我多年的知己倾诉。他的心情其实也是一样的，但他克制地劝说我，不能性急，也许要到1960年美国总统选举后形势才能转化，我们才能回国。所幸的是，在中国共产党的领导下，新中国在亿万人民的团结下，迅速强大起来了，我们都比这个日程早得多回到祖国，我在1955年回国，他们是1956年。

郭永怀同志归国后，奋力工作，是中国科学院力学研究所的主要学术领导人，他做得比我要多得多，但这还不是他的全部工作。1957年初，有关方面问我谁是承担核武器爆炸力学工作最合适的人，我毫无迟疑地推荐了郭永怀同志。郭永怀同志对我国发展核武器是有很大的贡献的。

所以，我认为郭永怀同志是一位优秀的应用力学家，他把力学理论和火热的改造客观世界的革命运动结合起来了。其实这也不只是应用力学的特点，也是一切技术科学所共有的特点。一方面是精深的理论，一方面是火样的斗争，是冷与热的结合，是理论与实践的结合。这里没有胆小鬼的藏身处，也没有私心重的活动地；这里需要的是真才实学和献身精神。郭永怀同志的崇高品德就在这里。

由于郭永怀同志的这些贡献，我想人民是感谢他的。周恩来总理代表党和全国人民对郭永怀同志无微不至的关怀就是证据。大家辛苦工作，为翻译、编辑和出版这本文集付出了劳动，也是个证据。是的，人民感谢郭永怀同志！作为我们国家的一个科学技术工作者，作为一个共产党员，活着的目的就是为人民服务，而人民的感谢就是一生最好的评价！

我们忘不了郭永怀同志，这本文集是最好的纪念品，是一本很好的学习材料。[1]

——钱学森

---

[1] 郭永怀：《郭永怀文集》，科学出版社2009年。

情景宣讲课片段
《等待》

一张辨不清面貌的合照

邓稼先（1924年6月25日—1986年7月29日），安徽怀宁人。核物理学家，中国科学院院士。1945年毕业于西南联合大学物理系。1948年赴美国普渡大学物理系留学，1950年获物理学博士学位，同年回国。在原子弹、氢弹研究中，他带领科研人员对原子弹的物理过程进行了大量模拟计算和分析，迈出了中国独立研究核武器的第一步。他领导完成了原子弹的理论方案，并参与指导核试验的爆轰模拟试验，组织领导了氢弹设计原理、选定技术途径的研究，并亲自参与了中国第一颗氢弹的研制与试验工作。他先后获得国家自然科学奖一等奖、四项国家科技进步奖特等奖、全国劳动模范称号，1999年被授予"两弹一星功勋奖章"。

　　这张照片拍摄于新疆罗布泊核试验场中心地带，照片中的两人身穿防护服，戴着专用口罩和手套，裤口紧紧绑在脚踝上，把自己包裹得严严实实，从外表看是完全认不出的。他们是谁？他们为何出现在此地？这背后又有着怎样令人惊心动魄的故事？

核试验容不得半点马虎，每一个环节都必须确保万无一失。但在20世纪70年代末的一次核试验中，事故出现了。飞机空投时核弹的降落伞没有打开，核弹从高空直接摔到了地上。九、八、七、六、五、四、三、二、一的倒计数之后天空没有出现蘑菇云。

核弹去哪里了？大家都很揪心。

指挥部立即派出100多名防化兵，迅速赶往出事地点寻找事故痕迹。他们在荒无人烟的戈壁滩上来回搜寻，却始终没有发现核弹的残骸。但这是一件万万不能不了了之的事情。如果找不到核弹痕迹，发现不了事故原因，这个隐患就会长期存在，严重影响我国的核武器事业进程。

消息传到指挥部，邓稼先决定亲自去找。试验基地现场指挥员陈彬立即拦住他说："老邓，你不能去，你的命比我的值钱。"邓稼先仍坚持自己去，他平时对别人的安全非常关心，而偏偏把自己的健康和生死置之度外。这种拧脾气，似乎是从事核武器研究之后添的"毛病"，是他后来性格变化的一个侧面。

时间不能再耽搁，邓稼先和二机部副部长赵敬璞坐上一辆吉普车，向戈壁深处驶去。在汽车上，邓稼先的脑子里在不停地思索：究竟是什么事故？有几种可能性？最坏的结果是什么？他这时还不知道是因为降落伞没有打开导致核弹从飞机上直摔下来，并偏离预定的爆心处很远。他默默告诉自己一定得找到核弹，探明原因。

车子在戈壁上疾驰，幸运的是他们较为顺利地找到了核弹。到了事故地区边缘，汽车缓缓停了下来。一下车，邓稼先坚决不让赵敬璞副部长和司机与他同行。最后，他更是着急地喊道："你们站住！你们进去也没有用，没有必要！"

"没有必要"，这是一句只说出一半的话。如果把这句话完整地说出来，应该是"没有必要去白白地做出牺牲"。而邓稼先认为自己是有必要的。

这位50多岁的顶级核科学家勇敢地向着危险地区冲了上去。邓稼先把放射性元素——钚对人体的伤害忘得一干二净。他没有意识到自己的勇敢，更没有意识到自己的英雄行为，大概所有真正的英雄都是这样的。

邓稼先和平时一样，只不过多了一份急切而焦虑的心情。他弯着腰一步一步地走在戈壁滩上，锐利的目光四处扫视，边走边找。终于，他们在弹坑现场找到了一块碎弹片。邓稼先仔细查看，辨认出是一块金属钚，表明核心部件没有融化，由此判断没有发生核爆炸。他长舒了一口气，最担心的后果没有出现。但他的身体已经受到了较大剂量的核辐射伤害。

"平安无事。"邓稼先走向吉普车见到赵敬璞说出了第一句话。他主动邀请赵敬璞与他合影留念，留下了这张辨不清面貌的两人站在戈壁滩上的纪念照，左边的高个子是"两弹元勋"邓稼先，右边这位是时任二机部副部长的赵敬璞。

◇ 钚（PU）

钚是锕系元素中的放射性金属元素，原子序数94，是制造原子弹的主要材料之一。放射性钚在大自然中的半衰期是2万4000年。如果侵入人体，就极易被骨髓所吸收，而钚在人体内的半衰期是200年。

邓稼先在核武器研制工作中，从来没有主动邀请别人合影。这次他破例拍下这张纪念照，一定是他内心里有什么想法……

作为一名核科学家，邓稼先十分清楚核辐射对人体的伤害，这是连现代医学都难以补救的。

几天之后，邓稼先回到北京住进医院检查，检查结果表明，他的尿里有很强的放射性，白细胞内染色体已经呈粉末状，数量虽在正常范围，但白细胞的功能不好，肝脏也受损了。一位医生说了实话："他几乎所有的化验指标都是不正常的。"但他只对妻子说了尿不正常。许鹿希火了，跺着脚埋怨他。

按道理邓稼先应该到疗养院去，虽不能解决根本问题，但对身体也是有很大好处的。可是他没有去，他离不开工作，直到逝世，他没有疗养过一天。

在生命的最后几年，邓稼先一边顽强地和病痛做斗争，一边醉心于新一代核武器的研究。自从那次事故之后，他的身体出现了明显的变化，他衰老得很快，头发白了，工作疲劳也不易消除，但他仍争分夺秒地工作。1984年底，邓稼先成功指挥了我国第六个五年计划期间的最后一次核试验，这也是他一生中最后组织指挥的一次核试验。

1985年邓稼先因病情恶化于7月31日住进医院，8月10日做了清扫癌瘤手术。手术后的病理诊断是："癌症属中期偏晚，已有淋巴结及周围组织转移。预后不良。"

邓稼先知道自己将不久于人世，但他还有很多事没来得及做，他一直念叨着不能让人把我们落得太远。在病房里，他和同志们反复商讨，并由邓稼先和于敏两人在1986年4月2日联合署名，写成了一份给中央的关于我国核武器发展的极为重要的建议书。建议书中详细列出了我国今后核武器发展的主要目标、具体途径和措施，这对我国追赶世界核大国的核武器技术先进水平产生了重要影响。

邓稼先信件手迹

老于、胡思得：

　　陈常宜转告蒋部长的意见：①由我和老于签名上报为好，不要用院的名义上报。②要上报部一份。③此件事是十分重要的。

　　所以上报时，望送科委、部各一份，同时也要给院一份。不过胡思得的草稿已送到科委。还要不要我和老于签名上报。但即便不需要再送科委，也要送部一份。

　　…………

　　我今天第一次打化疗，打完后，挺不舒服的。

老邓　86.3.14

（许鹿希注：此手迹的原件在胡思得同志处，是邓稼先1986年3月14日在301医院病房中，用铅笔写的。中间用黑点代替之处，为国防机密，略去）

　　邓稼先用他的一生，向中华民族、向祖国献上了他的忠心。

　　时间回到1958年8月的一天，这一天邓稼先接受研制核武器的国家使命。回到家，他用坚定而自信的语气对妻子许鹿希说："我的生命就献给未来的工作了。做好了这件事，我这一生就过得很有意义，就是为它死了也值得。"

卫星铺路石

钱骥（1917年12月27日—1983年8月18日），江苏金坛人。空间技术和空间物理专家。1943年毕业于国立中央大学理化专业。作为我国空间技术的重要开拓者之一，领导卫星总体、结构、天线、遥测、电源、环境模拟等卫星关键技术研究，是东方红一号卫星方案的总体负责人，为我国空间技术早期的发展做了很多开拓性工作。1985年获国家科技进步奖特等奖，1999年中共中央、国务院、中央军委追授他"两弹一星功勋奖章"。

　　1999年9月18日，中共中央、国务院和中央军委为23位在"两弹一星"事业中作出突出贡献的科学家授勋。钱骥也是其中一位，但他缺席了领奖，因为此时距他去世已经过去整整16年。来领奖的是他的夫人史丽君，她眼含热泪，感慨万千。

　　在史女士的心里，钱骥是一个再本分不过的老实人。

　　几十年来，他既不向这个世界提出任何与自己地位不相称的要求，也从不让这个世界来给自己确定什么地位。

他平时沉默寡言，但一谈起卫星，他总是眉飞色舞地讲个不休。

钱骥这个人啊，似乎就是因为中国的人造卫星才来到这个世界的！

他缺席了领奖，却从不缺席贡献——1970年4月24日，中国按计划成功发射了"东方红一号"人造卫星。钱骥对中国第一颗人造卫星的研制作出了重大贡献……

1957年10月4日，苏联发射了人类第一颗人造地球卫星——"月亮一号"，从此打开了通向宇宙的大门。这个消息深深刺激了钱骥，他一夜未眠。

第二天，他找到自己的老师兼好友赵九章，与这位国际著名大气物理学专家倾心交谈。他们明显预感到空间科学是具有巨大潜力的发展领域，只是当时国内还无人涉足。

在这样的情况下，钱骥主动找领导谈话，明确表示了自己愿意放弃从事多年的地球物理专业，加入人造卫星事业。从此，放飞中国的人造卫星成了他最大的心愿。

为了启动中国人造卫星的研制工作，钱骥自告奋勇地承担起人造卫星研制可行性的调研工作。他率队调研数十个研究所，积极奔走，全力呼吁，为中国的卫星事业呕心沥血。

毛主席说："我们也要搞人造卫星，要搞就搞得大一点。"

可造卫星的困难，一点儿不亚于造原子弹。没有技术没有资料，上哪儿凭空变一颗卫星？为了取经，钱骥随代表团前往苏联考察学习。苏方招待得很热情，但唯独在代表团提出想参观有关卫星的内容时，他们表现得很谨慎，他们没有直接拒绝代表团的请求，但也没有给予明确的答复，而是打起了"太极"。最终，苏方没有提供任何实质性的帮助或信息，这使得代表团的参观计划落空。

这次考察让钱骥一行人认识到搞卫星没有捷径。钱骥由衷感慨："要走自己的路，要靠自己实干，要有自己的实力。"

回国后，他与赵九章、卫一清梳理空间探测的思路，提出发展我国空间技术的五条意见："以火箭探测练兵，高空物理探测打基础，不断探索卫星发展方向，筹建空间环境模拟实验室，研究地面跟踪接收设备。"为人造卫星做准备。

火箭探测，首先要建立火箭发射场，最后选定了安徽广德县一处四面环山、荆棘密布的地方。钱骥和科技人员们，挽起袖子、撸起裤管，扛起锄头和铁锹，在没有公路、房屋，交通闭塞、物资匮乏的情况下日夜奋战，仅用100多天就建成了火箭发射场。

国外信息严密封锁，没有可供参考的资料，他们就大海捞针从书籍报刊中寻找关于空间技术的蛛丝马迹。没有计算机，他们就靠原始的计算尺和手摇计算器来验证数不清的数据。有时为确定一个数据，每天工作十几个小时，彻夜不眠都是家常便饭。

1970年4月24日21时35分，"东方红一号"卫星在巨大的轰鸣声中离开发射台。48分，入轨，50分，卫星传来《东方红》乐曲，声音

1958年访苏部分代表（右二为钱骥）

清晰洪亮。一星破晓，光耀五洲，这是中国航天从筚路蓝缕走向星辰大海的起始。

同年五一劳动节晚上，"东方红一号"再次飞过北京上空，天安门城楼上站满了研制卫星的工作人员。不过，研制卫星总方案的奠基者以及总线路的策划人——钱骥，却没有出现。此时，他坐在家中的阳台上，仰望苍穹，寻找那再熟悉不过的轨迹，为亲自参与、长期奋斗的目标终得实现而热泪盈眶。

1983年，积劳成疾的钱骥因胆囊癌住进了医院。在与病痛斗争的日子里，他仍对卫星事业魂牵梦萦着。501部副主任看望他时，钱骥第一句话说的就是："我见到了你们那个设备，做得很好……"

一直到生命的最后时刻，钱老心里最惦记的，仍是国家空间道路的发展。留下的几万张文献卡片，无一不渗透着拳拳赤子之心。

一辈子低调，从不为名为利，只愿为祖国的强大尽一份力，做一个默默的铺路者！正如钱骥自己所言，"事业就是生命，甘当铺路石。没有目标，生活便失去意义，努力达成目标后，人的精神也随着饱满充沛"。今天，中国航天的成就背后，是千千万万"太空铺路者"的无私奉献。

钱骥留下的文献卡片

取消卫星"炸药包"

孙家栋（1929年4月8日—），辽宁复县人。运载火箭与卫星技术专家，中国科学院院士。1958年毕业于苏联莫斯科茹科夫斯基空军工程学院，同年回国。他先后领导和参加中国第一枚自行设计的中近程导弹与中远程导弹的总体设计工作。在中国第一颗人造地球卫星的研制中，作为技术总负责人，他主持完成卫星总体和各分系统技术方案的修改工作，攻克了多项关键技术，解决了一系列技术问题，为中国东方红一号卫星发射成功作出了重要贡献。他先后获得何梁何利基金科学与技术进步奖、国家最高科学技术奖，1999年被授予"两弹一星功勋奖章"。2019年9月17日，国家主席习近平签署主席令，授予孙家栋"共和国勋章"。

学了7年飞机，搞了9年导弹，1967年，孙家栋的命运却来了个急转弯。独具慧眼的钱学森亲自点将，38岁的他被任命为中国第一颗人造地球卫星东方红一号的技术总负责人，从此走上研制卫星的道路。

在东方红一号卫星发射成功之后，孙家栋又接受了新的研究任务——研制中国第一颗返回式遥感卫星。

1974年11月5日，孙家栋领导研制的第一颗返回式遥感卫星在点火后，发生了意外，火箭随同卫星一起爆炸，这意味着卫星发射失败了，几年的心血瞬间化为灰烬。瞬间的震惊后，孙家栋带着大伙直奔发射现场：必须找到失败的原因。

11月的酒泉天寒地冻，茫茫戈壁滩上，高耸的发射架静静地矗立着，在不远处，一群人正紧张地忙碌着，他们在收捡卫星残骸。要查清卫星发射失败的原因，首先要把卫星残骸都收集起来，少一片也不行，收集残片花了整整3天时间。他们又在无数的残片中查清了，是一个小产品故障导致的发射失败。

"在航天工作中，质量是第一位的，哪怕一个极细微的问题也可能造成毁灭性的结果。"这是孙家栋对自己和身边人的要求。

一年后，1975年11月26日，长征二号运载火箭携带我国第一颗返回式遥感卫星成功发射升空。孙家栋和同事们在喜悦之际，也不禁产生了一点担忧：卫星是成功发射了，但它能不能正常回来啊！

在当时，返回式卫星技术堪称世界最为复杂和尖端的技术之一。美国和苏联的返回式卫星都经历过多次失败，才得以成功回收。美国于1959年开始研制"发现者"号返回式卫星，历经38次飞行实验，历经12次回收—失败—改进—再回收，最终才实现卫星成功回收。苏联的航天器返回技术是为载人航天打基础的，所进行的试验次数更多。

◇ **返回式遥感卫星**

返回式遥感卫星，指在轨道上完成任务后，有部分结构会返回地面的人造卫星。返回式遥感卫星有以下的基本用途：一是作为观测地球的空间平台，二是作为微重力试验平台，三是作为发展载人航天技术的先导。

1975年11月26日，长征二号运载火箭成功发射我国第一颗返回式遥感卫星

把卫星"送上去，收回来"是我国航天事业发展顺理成章的一步，但这一步却走得并不轻松。

卫星发射出去后，孙家栋的压力很大。多年后，他回忆当时的情景说："虽然发射成功了，但能不能回来却让人心里没底，因为是第一次，压力很大。那几天，白天、晚上都在研究这个问题，精神上确实有点支撑不住了，曾经晕倒过好几次。"

返回式卫星不但要能够返回，还得落到指定的位置，设计的返回路径是从北往南进入中国领空，定点落在四川。假如降落的速度慢了一点儿，卫星会不会继续往南飞？会不会飞出国境去？如果掉到海里还好一些，要是落到国外，就麻烦了。

怎么办？科研人员商议在卫星上装个"炸药包"，一旦发现轨道不正常，控制不了落点，就发出指令，将卫星在空中引爆炸毁。

"炸药包"安装好后，卫星进入发射场开始电测。临近发射时，有人提出，如果卫星运行正常，并落到了指定范围，在回收后打开、分解、取出胶片盒时，万一引爆了炸药，反而会酿成重大事故。

"炸药包"是装，还是不装？经过反复权衡，大家统一了意见，认为卫星万一飞出国境，将会引起外交问题；如果卫星带着"炸药包"起飞，经过太空长时间运行，再返回地面，每一个环节都会有危险，前者的风险要小于带着"炸药包"的风险。于是，孙家栋最后决定，取消"炸药包"方案。

11月29日，卫星在轨道上运行了3天，各个系统工作正常，完成了对预定地区的遥感任务，卫星返回的时刻到来了！

"万里写胸怀，须臾返人间。"8年时间，我国第一颗返回式遥感卫星，研制者们等了8年的时刻终于来到了！29日11时许，返回舱携带着遥感试验资料，按预定的轨道返回地面，走完了上天、入轨、遥感、返回的全过程。

顿时，指挥室内一片欢腾。张爱萍紧紧握着孙家栋的手，旋即两人又高兴地拥抱起来。

一个人一生能做多少事。孙家栋从未想过这个问题，他想的是"国家需要，我就去做"。从学习飞机制造到研制导弹，再到开创卫星事业，孙家栋把个人理想与祖国命运融为一体，始终不渝把星辰大海作为报效祖国的舞台。

中国第一颗返回式遥感卫星模型

飞向太平洋

屠守锷（1917年12月5日—2012年12月15日），浙江湖州人。火箭总体设计专家，中国科学院院士。1940年毕业于清华大学航空系。1941年赴美国麻省理工学院航空工程系留学，获硕士学位。1945年回国。他领导和参加我国地空导弹初期的仿制与研制工作，先后担任我国自行研制的液体弹道式地地中近程导弹、中程导弹的副总设计师，洲际导弹和长征二号运载火箭的总设计师，带领科技人员突破了一系列关键技术，解决了许多技术难题。他先后获得国家科技进步奖特等奖、求是科技基金会杰出科学家奖，1999年被授予"两弹一星功勋奖章"。

　　1980年的初春，北方春寒料峭，草木开始冒出新芽。在一列奔赴西北导弹试验基地的专列上，一位老人望着车窗，随着窗外的风景不断变化，他的表情越来越沉重。此时，距离我国自行研制的第一枚洲际导弹全程飞行试验的日期越来越近，他此行是前往发射现场为这次发射试验做全面检查。

这位老人正是中国航天事业的开拓者和奠基人之一——屠守锷。

1957年2月，服从国家的需要，他来到国防部第五研究院工作，负责导弹结构强度和环境条件的研究。对于学习与研究飞机制造的屠守锷来说，研究导弹是一项全新的课题。面对导弹研制过程中的多方阻力和压力，他并没有感到灰心，只是平静地说了一句：人家能做到的，不信我们做不到。

在专列上，屠守锷几乎一整夜都没有入睡，他的大脑在不停地思考。洲际导弹全程飞行试验是一项复杂而精密的大型综合性系统工程，其试验规模之大，范围之广，要求之高，技术之复杂，组织之严密，都是空前的。作为总设计师的屠守锷心中不免忐忑。对于顺利发射导弹他是满怀信心的，但是谁又能保证不出现意外呢？我国第一枚长征二号火箭在进行飞行试验时，不就是因为一个线头的虚焊而导致失败的吗？屠守锷心想，类似的事情绝不能再发生，要尽最大的努力，将隐患消灭在发射之前。

刚刚踏上基地，还来不及休息，屠守锷就深入发射现场，准备对导弹进行全面检查。他细致地检查各个环节的准备情况，并听取各位副总设计师汇报检查和测试情况，不时插话问一些细节，紧紧地把握着每个分系统重大技术问题的脉搏。

戈壁滩严酷的气候并没有因为春天的到来而变得温和，飞沙走石仍不时发生。要保证数以十万计零部件都处于良好的工作状态，屠守锷不敢有丝毫的懈怠。他一次次对导弹进行检测，在测试阵地与发射阵地之间来回穿梭。他的鼻孔、耳朵、衣服里常常灌满了沙土。短短几个月，他的头发白了，人也消瘦了。

在进行导弹检测工作时，有一发导弹的发动机被怀疑存在问题，由于基地缺少分解检查的设备，这一发导弹被运回北京导弹总装厂进行分解检查。令人惊讶的是，这一发导弹里竟有一根白鞋带！得知这一消息的屠守锷惊出了一身冷汗,导弹发射容不得一点错误,小小的保险丝都会导致发射的失败,更不用提发动机中的白鞋带。屠守锷当即决定,再对准备发射的导弹进行一次全面检查,重点检查有没有多余物,以保证发射的顺利进行。

屠守锷带领科研人员逐项认真检查后,导弹终于矗立在了发射架上。在发射之前,屠守锷整整两天两夜没有合眼。在没有亲自上去做最后的检查之前,屠守锷始终放心不下。基地工作人员考虑到屠守锷的身体,拦着他不让他上塔。但已经63岁的屠守锷不顾工作人员阻拦,一鼓作气爬上了发射架,终于确认导弹没有任何问题。

1980年5月18日,作为中国第一枚洲际火箭总设计师的屠守锷在"可以发射"的鉴定书上签下了自己的名字。签字的时候,他看上去非常平静,就像是任何一次再普通不过的签名一样。从1965年开始研制

"东风五号"洲际导弹

洲际导弹，已经过去了整整15年，这是最后的考验。随着导弹发射的巨响，"东风五号"洲际导弹划出一道弧线，越过赤道，飞向太平洋！当导弹准确命中万里之外目标时，原本平静的屠守锷再也抑制不住内心的情绪，流下了激动的泪水。

第二章

自力更生、艰苦奋斗

"自力更生、艰苦奋斗"是中华民族历经磨难而自强不息的优良传统，是中国共产党立党立国的根基，是实现民族复兴和国家现代化的强大动力。"自力更生、艰苦奋斗"是"两弹一星"事业的立足基点，中国研制发展"两弹一星"事业过程中始终坚持走独立自主、自力更生之路，主要依靠自己的科研力量发展事业。广大研制工作者肩负国家使命，以高度的责任感和使命感，在基本上没有外援、国内条件艰苦的环境下，克勤克俭、刻苦钻研、艰苦创业，研制出了原子弹、氢弹、导弹，发射了人造地球卫星等。"两弹一星"的研制成功，实现了中国独立自主发展科技事业的一次历史性飞跃。

"冻坏一个人，你们得赔我！" ①

聂荣臻（1899年12月29日—1992年5月14日），四川省江津县（今重庆市江津区）人。1923年3月加入中国共产党，1924年到苏联学习。聂荣臻是久经考验的无产阶级革命家、军事家，党和国家的卓越领导人，中国人民解放军的创建人之一。他还是新中国国防科技事业的卓越领导者。新中国成立后，他长期主管国家科技发展和国防科技工作，协助毛泽东、周恩来作出了一系列重大决策，为祖国科技发展特别是"两弹一星"事业的发展，进行了艰苦卓绝的开拓性、奠基性工作，开创了新中国科技的"黄金时代"。1955年被授予元帅军衔，曾获一级八一勋章、一级独立自由勋章、一级解放勋章。

历尽千难成伟业，人间万事出艰辛。我国国防尖端科研事业起步之初，物质条件异常匮乏，工作环境十分艰苦。兼任国家科委、国防科委

---

① 本篇内容主要参考刘学礼主编《两弹一星精神》，中共党史出版社2020年。

主任的聂荣臻元帅给自己的定位是——"科学工作者的勤务员",想尽一切办法为科学工作者创造良好的工作、学习、生活条件。而科技干部们却发自内心地说:聂帅真是咱们的知心朋友。

当时导弹研究院白手起家,没有实验室,没有科研设备,甚至没有住房,科研人员有的住在帐篷里,有的住在大食堂里。寒冬到了,北风呼啸,滴水成冰,那个年月,人们肚子里缺乏高热量的食物,衣服保暖性也差,冬天的滋味很不好受。

聂荣臻住在有暖气的大房子里,身上舒服,心里却总不踏实,因为他牵挂着刚从各地来导弹研究院报到的科学家和大学生们。有一天,他叫上秘书,突然来到研究院,他先钻进科学家和技术人员住的小屋和帐篷,看了看火炉是不是管用,又摸摸床上铺的盖的被子厚不厚,保不保暖。最后,他才来到会议室,和领导干部、主要科学家们见面。

主持会议的院领导说:"请聂帅给我们作指示。"

聂荣臻感慨地说:"我没有指示,只有一个心得。我是带兵打仗出来的,今天毛主席、党中央让我抓国防科研。我常常想,怎么抓啊?这个干部怎么当啊?后来我想明白一点了,就是,要老老实实地做好人民的勤务员。当干部,特别是当行政干部,干的工作就是勤务员工作。我聂荣臻有志于当个科学工作者的勤务员,为科学家搞好科研工作的条件,搞好学习和生活的条件。这就是党分配给我聂荣臻的工作,是否做得好,我不敢说。但是,我一定要认真去做,把这当作我终身的光荣任务。"聂荣臻的话令在场的人,尤其是科学家深受感动。

聂荣臻突然话锋一转,语气沉重起来:"我今天看了大家的住处,我这个勤务员没当好,在座的各位,勤务员也没当好,我们的科技人员,其中不少是中央千方百计帮我们从国外请回来的,是各个兄弟研究机构忍痛割爱调来的。可是,数九寒天,我们让这些宝贵的人才住帐篷，我不满意。我要告诉院领导们，如果冻坏一个人，你们得赔我！"时隔几十年，著名火箭技术专家屠守锷仍然清楚地记得这句话。他说，有了这句话，大家伙一下子就觉得不冷了。

不久，又发生了一件事：一天清晨，导弹研究院二分院的科学家和技术人员刚起床，按照军队的习惯集合跑步。他们来到操场上却发现，这天站在寒风中等待他们的，是一位佩戴少将军衔的军人。

大家都在猜测发生了什么，他说话了："请大家伸出手来。"

然后，他就像幼儿园的阿姨一样，挨个查看了200多位科学家和技术干部的双手。最后，他大声说："同志们，我是航委秘书长安东。聂老总听说，你们不少同志夜里加班，又没有暖气，担心冻坏了手，一大早打电话让我来查看一下，他等我回去汇报呢。"听到这里，不少人感动了，有些人眼里湿漉漉的。安东有些惭愧地说："我刚才看过，确实有同志的手冻伤了。我们工作没做好。这个问题我马上汇报，会很快解决。"

"两弹一星"元勋任新民也经历过一件他始终忘不掉的小事。他回忆说："有个冬天，我的手冻了。我听政委说，聂老总对我们政委讲，任新民手冻了，你们怎么也不注意这个事。我听了以后，非常感动。我感动的是，一位元帅，这样的小事都挂在心上，你还能说什么呢？"

房子暂时盖不起来，暖气暂时供不上，院里就发动所有的后勤人员，挨家挨户送劈柴、焦煤，把炉子生上，保证一定的温度，不至于冻伤科研人员的手脚。经过上上下下的努力，1959年寒冬来临之前，导弹研究院的所有科研人员，都住上了带暖气的房子。

在不为人知的险恶环境中，我国的科研人员克服了常人难以想象的困难，为党和人民的事业舍生忘死，真正成为共产主义远大理想、中国特色社会主义共同理想的坚定信仰者和实践者。在特殊的年代里与极其艰苦的条件下，革命先辈们铸就了后人永远为之自豪的丰功伟绩，使我国的国防实力发生了质的飞跃，带动了科技事业的发展，为社会主义建设提供了稳固的安全保障。他们的行动是"自力更生，艰苦奋斗"优秀品格的真实反映与生动写照。

扎根马兰基地的传奇司令

张蕴钰（1917年1月14日—2008年8月29日），河北省赞皇县人。1937年参加八路军，同年加入中国共产党。新中国成立后，他历任军参谋长、兵团副参谋长、兵团参谋长等职，参加了西南剿匪和抗美援朝。1958年，他被任命为核武器试验靶场主任，1961年改称基地司令员，为"两弹一星"事业作出了重大贡献。

在新疆，有着"死亡之海"之称的罗布泊是我国核试验基地的所在地。黄沙之中，一丛丛美丽的小花随处可见，当地人说，这是马兰花，于是核试验基地有了一个好听的名字——"马兰"。给基地起名字的人是马兰基地的第一任司令员张蕴钰。

"我这辈子主要做了两件事，一是打了上甘岭，二是参加了核试验。"张蕴钰之子张旅天总结父亲的一生：十四年抗战，淮海鏖兵，长江飞渡，上甘岭前令美帝丧胆；辽东演军，西陲踏勘，戈壁马兰，蘑菇云腾挺中华脊梁！

论及国防力量对国家强大与民族复兴的重要性，从上甘岭战役的炮火中走出来的张蕴钰将军恐怕比谁都更有体会——落后就要挨打，中国要想不被人欺负，就要强大国防，要有尖端武器。

1958年的一天，当他正在旅顺口指挥陆海空三军大演习时，他突然接到了陈赓大将紧急让他赴京的电话。

张蕴钰满腹狐疑地离开了旅顺市。到北京后他急匆匆地来到陈赓的住所："你叫我回来啥事？"

"想叫你到核原子靶场去，这是我推荐的，你到了那里，要好好地把它建起来！"

毫无思想准备的张蕴钰听到让他带领部队创建核武器试验场的消息，愣住了。

陈赓仿佛猜透了他的心思："谁也没干过，我推荐了你，就是相信你能干好啊！"

"好吧，这既然是一番事业，不管苦与不苦，不管在这个事业中担任的是什么角色，我都愿意干！"听了陈赓的话，张蕴钰思忖了半晌答道。

41岁的张蕴钰在领受组建核试验基地的任务后，马不停蹄地投入基地的选址工作中，终于从一片荒原中找到了他想要的"风水宝地"——马兰基地。该地位于新疆巴音郭楞蒙古自治州境内，这里夏季气温高达50摄氏度，能把人的皮肤灼伤，还有成群结队的毒蚊子，被咬一口身体就会马上肿起来。

随着首批2万人的建设大军浩浩荡荡地开进罗布泊，马兰核试验基地开工了。在建设初期，赶上了中国最严重的自然灾害，原子弹研究面临"下马"的危险。这个时候，大家的耳边响起了很多不和谐的声音——原子弹还不知道什么时候能造出来，基地部队可以去种地、放羊，等经济好转了再搞建设……张蕴钰听到这些话，火气一下就上来了，他吼道："我哪儿也不去，就在这等。一年不搞我等一年，两年不搞我等两年，他们愿意走就走，我干我的。中国，总要有原子弹。"

基地初创，一切都很艰苦。首先就是生存问题，罗布泊只有大片戈壁，荒山野岭。张蕴钰就带着大家因地制宜地搭帐篷、挖地窖、盖简易营房，并在营房周围垒起了一排排的麻黄草，扎成了一棵棵人造树。这种因陋就简的建筑方式，不仅节约了大量经费，解决了人畜的防暑防寒和设

张蕴钰在马兰

备器材的储放问题，还给荒凉的罗布泊带来了一个人造春天。

基地几乎没有新鲜蔬菜，主食是当地的面粉和小米。新鲜蔬菜经过长途运输，都变成了干菜和烂菜，大家只能靠榨菜和葱头下饭。当时很多人因营养不良、生病，口腔溃疡流鼻血，夜盲症患者更是比比皆是。张蕴钰将军为此伤透了脑筋。后来，他托许多人说情，从兰州买来一些鱼肝油丸，发给科技人员和部队，聊作补养。至于鸡鸭鱼肉，只能是一种美好的愿望了。

生活条件艰苦以外，基地还缺水。有时候因为缺水，米都很难淘洗干净，饭里含沙，大家只能含沙而咽。由于孔雀河濒临枯涸，为保证部队用水，张蕴钰将军曾作出"苛刻"的规定：一、三、五洗脸，二、四、六刷牙，星期天干擦。常常是一盆水，洗完脸后留着下班后洗手，晚上洗脚，澄清后再用来洗衣服。身为司令员的他，对自己要求更严，

洗脸不用盆，只用一个小茶缸，先洗脸，再刷牙。久而久之，成了习惯，以至日后回到北京也改不了。他的这种"习惯"常使孩子们啼笑皆非。

在基地建设最困难的时期，"以戈壁为家，以艰苦为荣"的口号在不知不觉中被叫响了。没有施工机械，一条条公路就是靠张蕴钰和政委常勇带领战士们拉着石碌子，一步步碾出来的。车辆少，口粮运不进来，张蕴钰和常勇率领机关人员徒步几十公里，一袋袋往回扛。那个时候，戈壁滩老榆树上的一串串树叶、榆钱成了战士们的高级食品。基地有一个叫张荷泽的助理员，负责到哈尔滨押运国家给调拨的一点奶粉，途中发现破了一袋，他即便是自己喝了，也没人知道，要知道在那个年代能有奶粉喝那真是一件美滋滋的事情，可是他没有，他拿纸包起了那袋破了的奶粉，将它们如数运回罗布泊……在这样的环境下，他们用了短短几年时间就把核试验基地建起来了。

1963年三四月间，中国第一颗原子弹爆心位置定在甘肃敦煌西北方向，爆心距敦煌直线距离约130公里，指挥区距敦煌80公里，生活区距敦煌10公里左右。爆心确定了，试验场区爆心铁塔的设计和建设又落到了张蕴钰的肩上。如今位于中国罗布泊核试验场爆心处的钢铁塔架早已在核试验中被摧毁，呈麻花状倒在地上，已严重扭曲变形。让我们很难相信它原来足足有102米高，美国在1945年进行第一颗原子弹试验时的铁塔高度仅有30多米。当时，在中国的大地上，还没有百米以上的高塔。当时施工之艰苦卓绝，从张蕴钰的回忆中便可见一斑：抬、挖、拖、拉、推，是施工的主要方式。我们建设的是国防尖端工程，却使用原始的生产工具……为了保证按时完成任务，战士自觉地把劳动时间从每天8小时增加到10小时、12小时，甚至16小时。推迟婚期，放弃探家，带病工作，形成了一股风气……有这样一位战士使他久久不能忘怀，他在施工期间，因阑尾炎住院手术，病好后，他为自己少出力而难过得直哭鼻子。国庆节放三天假，他去工地劳动了三天，每天劳动10小时以上，用来弥补住院耽误的时间。几十年后，当80多岁高龄的张蕴钰将军回忆起和大家一起建铁塔的日子，他的眼中不禁泛起了泪花，回忆如潮水般涌上心头——他们冒着强风和高温在塔上作业，这么辛苦，可是他却不能把伙食保障到位，每人每天只能定量分到六个馒头，这件事情一直让他难以释怀。

1964年春天，当高大的铁塔出现在人们的视野时，它便成了戈壁滩上最耀眼、最绚丽的风景。向着爆心，是分布在不同距离、不同方位上的各种工号。电缆沟密密麻麻地通向四面八方，最后汇聚到铁塔下面。张蕴钰望着他"最为得意的作品"陷入沉思，他知道，离中国引爆原子弹的那天不远了。

1964年10月16日15时，中国的第一颗原子弹在罗布泊试验成功，

第一次原子弹试验的前线指挥部部分领导：（从右至左）毕庆堂、张爱萍、刘西尧、刘柏罗、张蕴钰、苑华冰

7000多米高的蘑菇云直冲云霄，爆炸的强光照亮了整个天空，刹那间天地响动，场面极其壮丽。这一刻所有的人都哭了，那是喜悦的哭泣，无论是科研人员、战士们的努力，还是张蕴钰将军在背后的鼎力支持，都是支撑着这朵蘑菇云成功爆炸的强大力量。

三顶帐篷创伟业

李觉（1914年2月—2010年2月12日），山东沂水人。中华人民共和国开国少将，1937年参加中国工农红军，同年加入中国共产党。参加了土地革命、抗日战争、解放战争。中华人民共和国成立后，历任第二野战军五兵团十八军第二参谋长，西藏军区参谋长、副司令员兼后勤部部长、副司令员兼参谋长。1957后，任中华人民共和国第二机械工业部九局局长，核武器研究院院长，全身心投入核武器研制事业中，为核武器的成功研制作出了杰出贡献。1965—1975年任核工业部副部长、核工业顾问。代表作品有《当代中国核工业》，《中国核军事工作史料丛书》等。

1958年1月8日，中央决定成立第三机械工业部九局（同年2月改称二机部九局），九局为核武器局，专门负责核武器研制和基地建设工作。李觉，这位曾经的西藏军区副司令员兼参谋长，经二机部部长宋任穷提议，被任命为九局局长，承担起了这一光荣而艰巨的任务。

宋任穷对李觉说："这个研究所是我国第一个专门从事原子弹研制

的机构，机密性很强。小小一个局长，没有参谋长、司令员那样威风，但工作很重要。"

要让自己搞原子弹，李觉以为自己听错了，心想过去扔过手榴弹，也造过炮弹，但从来也没有想过搞原子弹这样高精尖的东西。李觉疑惑地问："我不懂原子弹，连见也没有见过，怎么搞呀？"

宋任穷部长鼓励他："你不懂，我也不懂；你没有见过，我也没有见过。我看还是要靠我们的老传统，过去在战争年代，毛主席教导我们要在战争中学习战争，我们打败了蒋介石，建立了新中国。今天，就要在研制过程中学习研制，一定要把原子弹造出来。"

要造原子弹，除人才之外，建设基地也很关键。为给核武器的研制选择一个最佳地点，宋任穷和地质部副部长刘杰要李觉亲自去考察，拿出个肯定的意见，报中央审批，然后立即进行基地建设。

此时，我国核武器研制基地选址已经从原先的60多个预选厂址，缩减到10多个，但最终地址还没确定。李觉带着有关专家跑遍了中国的大西北，最后相中了青海的金银滩草原。

金银滩，因草原上盛开着一种叫金露梅和银露梅的花朵而得名。每到盛夏季节，辽阔的草原就被五彩缤纷的野花点缀得如锦似缎，宛如一片"流金淌银"的仙境。这里人烟稀少，地势平坦，四面环山，距铁路线也较近，具有得天独厚的地理、环境、交通、保密等优势。在综合了金银滩的地理特征后，选址专家小组认定："在中国，再也找不到比这里更好的基地厂址了。"

1958年8月，李觉带领一支二十多人的队伍，开着4辆解放牌卡车和4辆苏制嘎斯69型越野吉普车，带着三顶帐篷，先期进入金银滩草原，开始基地建设的准备工作。一到金银滩，他们便迅速选定了一片背风向阳的草地，割去高及人腰的牧草，搭起三顶帐篷，这三顶帐篷也就成了后来原子城雏形的基石，中国的核武器事业就在这三顶帐篷下起家了。

金银滩草原的平均海拔高达3200米，天寒地冻、氧气稀薄，天气变化大，使得基地建设任务异常艰巨，但建设者们迎难而上，在克服种种困难情况下推进着基地建设。

草原的黄金季节十分短暂，李觉一行到金银滩不到一个月，工作尚未就绪，天气骤然变冷，绿绿的牧草，几天之内就变黄了。暴风雪说来就来，一晚的时间，帐篷顶就堆积了厚厚一层雪，几乎要把帐篷压塌，门也被大雪堵住。清晨起来，要扫了雪，才能出去。

青海省的领导对他们十分关心，常来看望并提供帮助，劝他们搬到西宁住，白天再到这里来工作。金银滩离西宁也不远，只100多公里，坐吉普车，两个多小时也就到了。李觉却婉谢了他们的好意，并指着帐篷里的炉灶说："这条件比我们在西藏时强多了，西藏哪有这么好的条件？"

李觉带来的20多人，多数是工程师，他们负责勘察设计，每天早出晚归，跑遍了金银滩的各个角落。晚上，他们挤在帐篷里，在煤油灯下，画图纸，搞设计，规划着基地的蓝图。为了确保团队能够高效、准确地完成规划任务，李觉还贡献出了自己的汽灯，并打电报到北京请求购买更多汽灯。

随着时间的推移，基地迎来了更多的建设者和施工人员。到1958年底，基地调进了一批工程技术人员和施工队，有2000多名解放军指战员，7000多位民工，还有2000多位熟练的建筑工人，在草原上组建起一支庞大的建设队伍。一万多人，在内地算不得什么，在草原上，却是开天辟地头一次。李觉率领千军万马在草原上进行着一场没有硝烟的战斗，他们心中燃烧着炽热的民族自尊心和责任感，以简陋的三顶帐篷为起点，挖掘土方、构建厂房、铺设铁路、修建公路。一座新兴的帐篷城出现在金银滩，也有了一批被称作"干打垒"的简易宿舍，条件虽简陋，但比帐篷强多了。

核工业基地建设初期，干部职工自己动手搭建帐篷、安营扎寨

　　基地建设的规模宏大，设备安装种类繁多，数量庞大，对技术要求极高，难度极大。然而，由于无霜期短暂，室外施工时间有限，建设者们必须与时间赛跑，他们冒着严寒，顶着风沙，争分夺秒施工，只为缩短工期，尽快完成这一伟大的任务。

核工业基地建设者们在工地露餐

经过四年的艰苦努力，万余名建设者成功克服重重困难，终于完成了基地水、电、暖、路等基础设施的建设，打造了一个集生产与生活于一体的综合性研制基地，为我国第一颗原子弹的研制奠定了坚实基础。

李觉，作为核武器研究院的首任院长，参与了创业的每一个环节，从机构的建立到人员的配置，从核武器研制基地的选址到勘测施工，他都亲力亲为，确保每一个细节都得到精心策划与组织。他积极主动地与中央各部委、各省市、科研院所、工厂沟通协调，确保科研人员能够全心投入科研工作中。他全面关注科研人员的政治需求、思想动态和生活细节，为他们提供无微不至的关怀，极大地激发了广大科技人员的积极性和创造性。

"两弹一星"功勋周光召曾深情回忆道："当年，我们的研制基地在青海海拔3000多米的高原上，大家都住帐篷，一切从头建起。那时没有高压锅，饭也煮不熟。第一座楼房盖成后，让谁住进去呢？李觉将

1963年3月，大批科研人员上草原，进行大会战，领导带头住进帐篷，让出楼房给科研人员，图为李觉等居住过的帐篷

军决定，领导住帐篷，科研人员住新楼。在冰天雪地的青藏高原，把帐篷留给自己住，这是真正的共产党员的精神。李觉同志的这个决定，深深感动了广大科研人员。我对他十分佩服。平时，李觉的作风就很民主，他爱护、尊重科技人员，十分注意充分发挥专家的作用。当年在那么艰苦的条件下，能聚集那么多知名科学家，与有一批像李觉这样的共产党员、领导干部分不开。"

从最初的"三顶帐篷"，到中国第一个完备的核武器研制基地，这片开满鲜花的1170平方公里的神秘禁区，与新中国的和平与安宁、繁荣与发展紧密相连。李觉和他的战友们以肉身通关，在火热的战斗岁月中，留下了光辉的历史足印。随着基地的建成，来自全国各地的科技人员和干部职工会聚于此，向着科技高峰攀登，诞生了中国自行设计研制生产的第一颗原子弹和第一颗氢弹。

打响原子弹的第一炮

陈能宽（1923年4月28日—2016年5月27日），湖南慈利人。金属物理学家、材料科学、工程物理学家，中国科学院院士。1946年毕业于唐山交通大学矿冶系。1947年赴美国耶鲁大学留学，获物理冶金学硕士学位和博士学位。1955年回国。在我国第一颗原子弹、氢弹及核武器的发展研制工作中，主要领导组织了核装置爆轰物理、炸药和装药物理化学、特殊材料及冶金、实验核物理等学科领域的研究工作。他先后获得国家自然科学一等奖、三项国家科技进步奖特等奖、何梁何利基金科学与技术进步奖，1999年被授予"两弹一星功勋奖章"。

　　燕山古长城脚下的一片广袤土地，如今已是郁郁葱葱，曾经的移动沙丘上早已是树木成林。然而，突出于地面的碉堡、简易营房和周边的铁丝网，仿佛在向人述说着这里曾经的惊心动魄。

　　极少有人知道，这里曾是我国第一个核武器爆轰试验场，代号"17号工地"。在这片被誉为"原子弹的摇篮"的土地上，打响了爆轰试验

燕山脚下的爆轰试验场外景

第一炮，孕育了中国第一颗原子弹的雏形。并且，在这载誉满满的土地上，有一个特别的人。他从未接触过炸药，甚至连雷管都不知为何物，但他受命参与原子弹研制中最为关键的"爆轰物理试验"，不辱使命，在最短的时间内做出了第一颗原子弹所需的起爆元件。始终保持"多做少说、多做不说"作风的他隐姓埋名25年，不少人以为他只是一个普通的科技工作者。然而，他却是中国科学院院士、著名金属物理学家——陈能宽。

1960年夏天，陈能宽接到一纸调令，他的命运就此被彻底改变。调令上写着他被分配到第二机械工业部北京第九研究所，参加我国核武器研究，研究方向从金属物理学转为原子弹爆轰。陈能宽将此后的那段岁月叫作"自力更生"和"能者为师、互相学习"的岁月。

"陈能宽同志，调你到二机部来是想请你参加一项国家重要的机密工作，我们国家要研制一种'新产品'，我们想让你负责爆轰物理工作……"二机部副部长钱三强和九局局长李觉将军首次召见他时的一席话，使陈能宽立刻猜中了"新产品"的含义。

"是不是让我参加原子弹的研制工作？"陈能宽疑惑地问道，"你们是不是调错人了？我是搞金属物理的，我搞过单晶体，可从来没有搞过原子弹。"

在场的人都禁不住笑了起来："调你来没有弄错。我们中国人谁也没有研制过原子弹。人家说离开外国人的帮助，我们中国人10年、20年也休想把原子弹造出来，我们应当有志气。"领导的话打消了他的顾虑。

临危受命，大义凛然，为了新生的共和国的安危，陈能宽毅然放弃了自己原有的科研方向，走进了一个全新的神秘世界。从此他隐姓埋名、销声匿迹达25年。

在新中国对原子王国的探索中，陈能宽任二机部核武器研究所第二研究室主任，担负两项重要任务：一是设计爆轰波聚焦元件，二是测定特殊材料的状态方程。这两项工作都是核武器事业最为关键的组成部分。他率领100多人的攻关队伍，开始了艰难的探索。

研制原子弹首先从理论设计和爆轰试验开始，通过爆轰试验来验证理论设计，摸清和掌握内爆规律和技术，为原子弹结构设计和工程技术设计、技术测试打下基础。中国在爆轰物理学方面的积累可以说几乎是一片空白。陈能宽是门外汉，当时的几个组长，绝大部分也是刚毕业的大学生。他们中有些是搞常规武器的，有些是学地质的，对雷管、炸药这些东西倒也不陌生。陈能宽除拜能者为师之外，还啃了大量俄文、英文版本的理论书籍、学报、期刊。

为掌握爆轰物理的基本规律，1960年2月，我国第一个核武器爆轰试验场地开始动工建设。考虑到节省时间、金钱，试验场地须尽早投入使用的需求，李觉和郭英会决定将位于北京以北、长城脚下、河北省怀来县官厅水库之畔的工程兵试验场进行改造，并将其命名为"17号工地"。在这个地方，我国第一颗原子弹的雏形得以孕育。关于该试验场地，当时的亲历者们是这样描述的：

> 17号工地往来奔波行路难，从北京花园路九所到怀来的17号工地，那时候来往交通上很不方便。当年北京九所没几辆汽车，各科研组的科技人员，无论是寒冬还是盛夏，经常是早晨起来背上行李到西直门火车站，坐火车到河北省怀来县东花园火车站，下车后再坐大卡车到17号工地。有时遇上没有汽车接送，他们就背上行李徒步一二十里路到17号工地。17号工地风沙很大，晚上坐卡车回来了，第二天早上上班就会找不到路，路全让沙子给埋起来。之后，我们坐卡车上班时常带着把铁锹，遇到刮风天，我们下车边清理路面，边往前开。
>
> ——摘自孙维昌《亲历者说"原子弹摇篮"》[1]

……自己扛着行李去做试验。晚上像虾兵蟹将似的排着队挤着睡。所以，晚上睡觉闹得不得了，咬牙的，说梦话的，叫的，什么都有。一个大房间，几十个人住着，热闹得很。夏天蚊子咬，冬天冷得不得了。那么大一个房子，只有一个小炉子。我们看测

---

① 谷才伟、任益民、孙维昌：《亲历者说"原子弹摇篮"》，湖南教育出版社2017年版，第49页。

试底片时，手冻得都没法干活。那个水龙头都冻坏了。

——摘自陈常宜《亲历者说"原子弹摇篮"》①

17号工地当时最大的问题就是没有设备，二机部提出"土法上马，自力更生"，苏联不给我们提供设备和资料了，我们就要靠自己。当时只有几台仪器，还是从别的单位调来的，我们需要的元件人家也不给，靠我们自己设计，然后送到自己的小车间去加工。

——摘自余心柏《亲历者说"原子弹摇篮"》②

他们因陋就简，在长城脚下、烽火台边等风沙呼啸、人烟稀少的工地上工作。由于缺少厂房，炸药熔化的工作，只能在一项借来的帐篷里进行。这项工作还需要一种精密仪器——米哈伊洛夫锅，用来保证炸药熔化时的温度和压力，二机部九所车间主任宋光洲用铜板焊了一个双层的桶，用于熔化炸药，用普通开水炉代替锅炉房送蒸汽，用牛皮纸卷成圆桶代替金属模具，从商店买来铝锅、铝盒、铝勺、木槌替代注装炸药辅助器具。

20世纪60年代初，17号工地的生活更是"雪上加霜"，不仅吃不饱，气候还恶劣。陈能宽和他平均年龄20多岁的攻关队伍，日夜奋战。陈能宽，这位曾在美国高等学府和大公司享有优厚待遇的科学家，竟然主动向党组织请求："为了与全国人民共渡难关，我们诚恳地希望降低粮食定量，减少工资收入，并保证不影响科技攻关步伐。"他同广大职

---

① 谷才伟、任益民、孙维昌：《亲历者说"原子弹摇篮"》，湖南教育出版社2017年版，第49页。

② 谷才伟、任益民、孙维昌：《亲历者说"原子弹摇篮"》，湖南教育出版社2017年版，第50页。

进行野外爆轰试验

工一样，喝稀面片汤，勒紧裤腰带，不论酷暑严寒，奋战"沙场"。

二室工作涉及的面十分广。陈能宽作为室主任，为了在管理上统筹全局，尽可能多地深入试验现场，他经常往返奔波于北京和17号工地之间，了解和指导爆轰试验过程中方方面面的情况。在驻地，陈能宽有一间小小的办公室，里面简单地支了一张行军床。白天做爆轰试验，晚上把课题组的同志们召集到自己的小屋里分析、处理数据，拟订下一步的试验计划。如果遇上夜间停电，大家就秉烛继续讨论。只要陈能宽到了17号工地，他的小屋在晚上总是闪烁着灯光。

陈能宽和他的攻关队伍在17号工地做了上千次试验，取得了大量的珍贵数据。1962年9月，他们初步完成了任务：原子弹的起爆元件获得重大突破，基本上验证了研制原子弹爆轰"内爆法"的可行性。

随着试验规模的扩大，17号工地已经不再适合承担之后的试验，试验场的搬迁便提上了日程。17号工地对陈能宽率领的这支队伍来说仅仅是起点，烽火台边冷爆轰声声起自燕山下，蘑菇云底热试验节节进抵大漠空。

为铸造中华民族核坚甲，在艰苦卓绝的秘密历程中，陈能宽与他的同事们凭借青春和热血，用有限的科研和试验手段，顽强拼搏，奋发图强，锐意创新，把"不可能"变为"可能"，用最短时间搞出了我国首颗原子弹所需的起爆件。他们只有执着追求，没有索取之心。他们满怀豪情，为我国第一颗原子弹的爆炸成功欢呼鼓掌。陈能宽与广大科研工作者具有的惊人毅力和勇气，显示了中华民族自立自强于世界民族之林的坚定决心和强大能力。

情景宣讲课片段
《九次计算》

周光召与九次运算①

周光召（1929年5月15日—），湖南长沙人。理论物理学家，中国科学院院士。1951年毕业于清华大学物理系，1954年毕业于北京大学研究生院。1957年赴苏联杜布纳联合原子核研究所工作。1961年回国，在二机部第九研究院理论研究所和邓稼先负责原子弹的理论设计工作，他巧用"最大功原理"，从理论上证明了苏联专家提供的数据有误，从而支持了我们自己的计算结果，取得了我国第一颗原子弹理论设计的重大进展。他先后获得国家自然科学一等奖、国家科技进步奖特等奖、中国科学院重大科技成果一等奖，1999年被授予"两弹一星功勋奖章"。

　　1964年10月15日，夜，距离我国第一颗原子弹爆炸只剩下不到24小时，远在北京的周光召和所有人一样，等待着那激动人心的时刻。对

---

　　①　本篇内容主要参考徐冠华主编《我们认识的光召同志：周光召科学思想精神论集》，科学出版社2010年。

于刚刚经历惨烈的抗日战争和抗美援朝战争、又长期受到超级大国核讹诈的中国，拥有原子弹，有着异乎寻常的意义。而罗布泊则是牵动所有人内心的焦点，这片神秘的荒漠原本已随着风沙的掩埋被遗忘在历史的角落里，可原子弹的一声爆响却让它的名字再一次响彻祖国的每个角落。从1963年4月开始，5000余名工程兵用锹、镐等极其原始的工具，让一座百米铁塔在爆炸中心拔地而起，一个代号为"596"的绝密工程就在这里完成。高塔落成时，无数科学家、工程师等一齐涌向了罗布泊。原本荒凉寂寞，渺无人烟的罗布泊一时间沸腾了起来，沉寂千年的罗布泊正待迎来那个重要的时刻。

中国第一颗原子弹经过科研人员的反复试验，在罗布泊安装就绪，等待它的问世，然而就在起爆的前一天，周光召突然接到一份紧急来电，电文称突然发现一种材料中的杂质超过了原来的设计要求，希望周光召再核查一遍。周光召明白，周恩来总理正在关注罗布泊核试验前的关键环节，这个电报一定是周总理的意思。他也理解，明天的实验牵动着所有人的心，必须确保万无一失，连一生见惯了大风大浪的周总理也捏了一把汗。

1964年10月16日上午，罗布泊核试验场区进入"零"前几个小时。此刻，原子弹"老邱"已经静静地躺在离地面102.43米高的铁塔顶端的爆室里。

"596"，是中国第一颗原子弹工程的代号。其源于1959年6月，中苏矛盾恶化，苏联方面致电中

◇ **知识链接**

当时，为了保密的需要，周总理亲自指示相关部门要为整个原子弹研制工程制定完整的暗语密码体系。

遵照周总理的指示，原子弹研制工程的有关密语很快制定了出来，包括重要领导等所有相关人、物都有代号。比如，毛主席在原子弹密语中的代号为"87号"，周总理为"82号"，聂元帅为"84号"；气象的代号为"血压"，原子弹装配叫"穿衣"，起爆时间叫"零时"，等等。

共中央，声称苏联正在和英美等国进行谈判禁止核武器试验相关的协议，为了避免不必要的麻烦，他们将暂停向中国提供原子弹的教学模型和技术资料。

1960年7月16日，苏方宣布从中国撤出所有在华援建的1390名专家和顾问，并将于9月1日前全部离境。8月23日，在核工业系统工作的233名苏联专家全部被撤走，一些重大科研项目半途停顿，一些厂矿停工停产，而苏方原已运到满洲里对面口岸的原子弹模型，终于没有入境，中国的科学家难识原子弹的"庐山真面目"。于是，中央决定"自己动手，从头摸起，准备用八年时间搞出自己的原子弹"。毛泽东说："要下决心搞尖端技术。赫鲁晓夫不给我们尖端技术，极好！如果给了，这个账是很难还的。"

中方对此事的态度，邓小平同志在次年9月中苏两党莫斯科高级会谈中的发言讲得很清楚："你们撤走专家，中断协定，给我们造成了困难和损失，影响了我们国家建设的整个计划和外贸计划，这些计划都要重新进行安排。中国人民准备吞下这个损失，决心用自己双手劳动来弥补这个损失，建设自己的国家。"

危难之际，远在杜布纳联合原子核研究所从事高能物理、粒子物理等方面研究的周光召响应号召回国。他那时已在自己的研究领域取得重大成就，在国际著名学术刊物上先后发表了30篇学术论文，都是他独著或主要撰写。他不仅提出了著名的"粒子自旋的螺旋态"理论，而且提出了弱相互作用的"赝矢量流部分守恒律"，成为世界物理学界公认的赝矢量部分守恒定理的奠基人之一。当时国外媒体报道称："周光召的成果震动了杜布纳。"享誉国际的周光召没有犹豫，同数十名海外专家、学子向二机部副部长钱三强递交了一份报告，要求回国参加实际工作，以填补由于苏方撤退专家而造成的科技人员的空缺。

参与原子弹研究，就必须要放弃从事多年且有一定成就的研究方向，对此，周光召仍然没有犹豫，他在给二机部部长刘杰的一封信中写道："作为新中国成长起来的科学家，我们时刻准备放弃我们的基础研究，接受国家交给的任务，我们深信，中国一定能够造出自己的原子弹。"

在周光召回国的这段时间，国内的原子弹研究也在如火如荼地进行，而在原子弹总体力学的计算中，某个参数对探索原子弹的原理有着重要作用。核武器研究所理论部主任邓稼先率领他的同事们开始了艰苦的理论攻关。他们最先进的运算工具只是一台苏联生产的乌拉尔牌计算机，大量的数据主要靠手摇计算机和计算尺甚至算盘。为此，他们演算的稿纸竟装了几十麻袋，堆了满满一大间仓库。由于需要三班轮换着计算、画图、分析，他们只能昼夜不停地工作。

但他们的前4次计算结果与一般概念相比，误差竟达一倍以上。这问题究竟出在哪里？

第五次计算、第六次计算……每一次计算，他们都考虑了新的可能，但误差仍如大山一样横亘在他们面前。

究竟是邓稼先他们理论计算算错了，还是苏联专家的数据出了问题？研究所里，两种意见一度出现争执。"老大哥"的数据，谁也不敢轻易否定。

在第九次计算结束不久，周光召从国外回来了。他认真检查后肯定了年轻人的第九次计算，但认为仍需要有个科学的论证，才能使人信服。于是，周光召从炸药能量利用率着手，求出炸药所做的最大功，从理论上证明了用特征线法所作的计算结果的正确性，使他们对压紧过程的流体力学现象有了透彻的理解。数学家周毓麟等研究了有效的数学方法和计算程序，经中科院计算技术研究所104电子计算机的运算，其结果和特征线计算结果完全相符，这也为原子弹的后续研究扫除了一大障碍。

1964 年 10 月 15 日,接到这一电报的周光召,带领所在的理论小组连夜组织运算,彻夜不眠,直至第二天上午,他将一份计算报告呈送到周恩来总理面前:"经计算,除了一些人力不可控制的因素外,我国第一颗原子弹爆炸试验的失败率小于万分之一。"这份报告让起爆现场的工作人员,吃下一颗定心丸。1964 年 10 月 16 日下午,原子弹在罗布泊爆炸成功,中国跨入有核国家行列。有人称赞周光召为此作出了历史性贡献,他却谦逊地说:"科学的事业是集体的事业。制造原子弹,好比写一篇惊心动魄的文章。这文章,是工人、解放军战士、工程和科学技术人员不下十万人谱写出来的!我只不过是十万分之一而已。"

匍匐在导弹上的人

黄纬禄（1916年12月18日—2011年11月23日），安徽芜湖人。火箭与导弹控制技术专家、自动控制专家，中国科学院院士。1940年毕业于中央大学电机系。1945年赴英国伦敦大学帝国学院攻读无线电专业，获硕士学位。1947年回国。他长期从事火箭与导弹控制技术理论与工程实践研究工作，开创了我国固体战略导弹的先河，突破了我国水下发射技术和固体发动机研制技术，探索出了一条我国固体火箭与导弹发展的正确道路。他被誉为"巨浪之父""东风-21之父"。他先后获得国家科技进步奖特等奖、求是杰出科学家奖，1999年被授予"两弹一星功勋奖章"。

也许，岁月能改变世界，但改变不了他毕生的追求；也许，光阴能蚀去记忆，但蚀不去他在中国导弹研制史上浓墨重彩的一笔。他，留学归来研发导弹，身处逆境不离导弹，生病卧床牵挂导弹，他造出了第一枚弹道导弹、第一枚搭载核弹头的导弹、第一枚潜地导弹……中国战略导弹事业的每个里程碑，都镌刻着他的名字，他就是"两弹一星功勋奖"章获得者，中国固体战略导弹奠基人——黄纬禄。

1957年的寒风从北向南，冷战的阴霾漫过了辽阔的亚欧大陆，掠过了亿万之众，笼罩在这颗星球之上，掌握了核武器的美苏等国如同一把达摩克利斯之剑悬在了苍穹，世界处于紧张的核威慑之中。此时，41岁的黄纬禄遵循毛泽东的高瞻远瞩，从通信兵部电信技术研究所前往国防部第五研究院二分院，从事导弹控制系统的研究工作，开始了共和国导弹研制的征程，从此也开始了他的"导弹人生"。

彼时的中国，在导弹研制事业方面是一片空白，我们没有知晓导弹自动控制工程的专家，伦敦大学无线电专业出身的黄纬禄对此也是一无所知。身为控制系统组组长，他要全面负责苏联提供的P-2导弹控制系统的仿制工作。黄纬禄知道自己工作的重要性：控制系统好比是导弹的大脑和神经中枢，它的精确度左右着导弹的发射过程及目标打击的结果。然而，要他带领一群刚从学校毕业、对导弹一无所知的大学生在一

工作中的黄纬禄

个完全陌生的领域里闯出一片天地，绝非易事。但爱国的心是相通的，壮志满怀的黄纬禄望着一张张年轻的面孔，一股豪情油然而生："这一张张渴求知识、希冀报国的年轻面孔便是祖国的未来，我要和他们一起为建设新中国、保卫新中国竭尽全力！"这群不畏苦难的知识分子怀着满腔热血开始了紧张而忙碌的学习，他们把大学时的互帮互助教学法搬到工作岗位上，白天向苏联专家请教，晚上查资料、复习功课、相互讨论，办公室和图书馆里经常是灯火通明，通宵达旦，领导来赶，大家也舍不得走。大家边干边学，互教互学，身为组长的黄纬禄更是不敢大意，拼命地学习吸收与导弹相关的知识。

正如黄纬禄所说："干什么工作，只要去干、去学，总是可以学到手的。就像爬山一样，只要坚持不懈地往上爬，最后，总是可以爬到山顶的。"可是，"天将降大任于是人也，必先苦其心志，劳其筋骨，饿其体肤……"正当仿制工作进入最后阶段时，苏联突然撤走了所有专家，中断了一切图纸和资料的供应。同时，一场全国性饥荒在中华大地上蔓延，饥饿导致70%的科研人员患上浮肿病，许多人还患上了肝炎。技术上的挑战，生活条件的困苦，与苏联的交恶，困难像一座座大山压向了年轻的共和国。赫鲁晓夫说："中国现在过的是'大锅清水汤，三个人穿一条裤子'的生活，还想造导弹？做梦吧！造几个大鸭蛋我看还行。"显然，赫鲁晓夫不明白，这个民族自古以来就有埋头苦干的人，就有拼命硬干的人，就有为民请命的人——他们是共和国的脊梁。东风导弹就在这样极度艰苦的情况下研制，黄纬禄明白，它所承担的不仅是科研人员的心血，也是中华民族的希望。

1960年11月4日，大多数人像往常一样按部就班，身在第一设计部值守的黄纬禄却坐立难安，他时不时瞥向桌上的电话，似乎生怕错过了一点消息。而在遥远的戈壁滩上，同样有着一群人在和他担忧着同一件事，因为在一天后，我国仿制的第一枚导弹"1059"号就要发射了。虽然黄纬禄没有亲临发射场，但他内心的紧张程度绝不亚于在现场的任何人。11月5日凌晨，戈壁滩上的气温降到了零下30摄氏度，但整个试验场地却亮如白昼，参试人员跑前跑后一片繁忙。9时2分28秒，发射指挥员下达了最后命令："点火。"竖立在发射台上的"1059"好似一把身披朝霞的利剑冲向天际，指挥中心不断传来各跟踪台站发出的"发现目标""飞行正常""追踪良好"等报告。7分32秒后，590千米外的弹着区传来报告，导弹准确击中目标。整个发射场内顿时成了欢乐的海洋。

远在北京的黄纬禄在听到这一消息后，露出了欣慰的笑容。他坚守在岗位上，尽管未能亲临这次历史性发射的现场，但他内心的激动和自豪丝毫不减。他知道，这是他付出心血、努力和智慧的成果。这一刻，他感到无比满足和骄傲。

然而，以美国为首的西方阵营压根不相信中国人的能力，美国国防部长麦克纳马拉更是直言："中国在五年之内不会有原子弹运载工具，没有足够射程的导弹，原子弹也无从发挥作用"——尽管早在1960年11月和1964年6月，我国已经成功发射了第一枚仿制导弹"东风一号"和第一枚自主研制导弹"东风二号"，但其射程尚不足以投送核弹头。毕竟，从第一颗原子弹爆炸到发射载有核弹头的导弹，美国用了13年，苏联用了6年。可令全世界震惊的是，中国在成功试爆第一颗原子弹的两年后，便于1966年10月27日在本土成功进行了导弹核武器试验。"东风二号甲"导弹成功发射，飞行正常，它运载的核弹头在预定地点精准地命中了目标，实现了核爆炸。外媒惊呼，"这像神话一样不可思议"，黄纬禄便是参与创造这个"神话"的关键人物之一，他以自己的冷静、沉着迎来了一次次的成功。从此，中国结束了"有弹无枪"的日子，正式成为世界核俱乐部的一员。超级大国的核讹诈和核垄断被勤劳、智慧的中国人给打破了。

第二章 自力更生、艰苦奋斗 //////////////

后来，尽管年事已高，黄纬禄仍亲登讲坛悉心授课。在家养病期间，他也接待了一批又一批的求学者，他的家就像一个教室，坐满了求知与探索的学子。黄纬禄总是耐心地指导他们，毫无保留地分享导弹研制的历史，将自己的知识与经验倾囊相授，并仔细解答他们提出的每一个问题。即使躺在病榻上，他依然挂念着航天、惦记着导弹，在回首自己的过去时黄纬禄说："我把我的一生都交给了导弹事业，我无怨无悔。假如有来生，我还要搞导弹。"

从门外汉到运载火箭专家①

王希季（1921年7月26日—），云南大理人。卫星与返回技术专家，中国科学院院士。1942年毕业于西南联合大学机械系。1947年赴美国弗吉利亚理工学院攻读动力及燃料专业，获科学硕士学位。1950年回国。担任中国第一枚液体燃料探空火箭、气象火箭、生物火箭和高空试验火箭的技术负责人，提出中国第一颗卫星运载火箭"长征一号"的技术方案，是中国火箭探空技术学科和航天器进入与返回技术学科的创始人之一。他先后获得两项国家科学技术进步奖特等奖、何梁何利基金科学与技术进步奖，1999年被授予"两弹一星功勋奖章"。

　　王希季是中国第一枚探空火箭"T-7M"项目的技术负责人。他少年时赴美留学，学成后回国效力，投身航天领域。苏联、美国分别于1957年和1958年将各自国家的第一颗卫星送入太空。面对茫茫宇宙，1958年5月，毛泽东向全国科技工作者发出进军的号令："我们也要搞

---

　　①　本篇内容主要参考朱晴著《王希季院士传记》，中国宇航出版社2014年。

人造卫星！"不久后，王希季成为技术负责人。但令人感到难以置信的是：这位把中国第一枚火箭搞上天的人，在受命研制火箭之前，从来没有接触过任何这一方面的知识，他只是一位搞热电厂发电的专家。

1958年11月，时任上海交通大学工程力学系副教授的王希季被上级安排到上海机电设计院报到。去了之后他才知道，上海机电设计院要做运载火箭、发射人造卫星，在当时是一个保密非常严格的单位。把卫星送到天上去和在火力发电厂发电给大家用，可以说是两个完全不同的领域。但他清楚，将人造卫星送上天，对于当时的新中国来说更加重要，王希季毫不犹豫地点头答应。

然而，发射卫星是一件很难的事情，是一项庞大而复杂的工程，除卫星本体外，还需要具备运载火箭、地面跟踪测控网、信息处理和发射场几大系统。面临如此大的难题，王希季肩上的担子一点也不轻。在尖端技术领域，旧中国完全是一张白纸，而年轻的共和国正处于西方的封锁和孤立之中，不可能得到外援，只能自力更生。

参与研制我国第一枚探空火箭的这支队伍，绝大多数是刚出校门不久的年轻人，平均年龄不到21岁。有的甚至还没毕业，就拿着组织上的调令报到了。时年37岁的王希季面对挑战，带领着"娃娃军团"开始了边学边干的艰苦探索。缺乏技术，他找来资料，不但自己要学习、要运用、要精通，还得让年轻的技术人员会学习、会运用、会实践。他常常是头一天晚上埋头苦学掌握知识，第二天白天就得给大家讲课授教。他常常戏称自己这是"现学现卖"。来不及新建测试室，就把厕所改装成测试室；来不及架设通信线路，就用手势或用人传递叫喊的方式进行试验场的联络；没有吊车，就用类似于辘轳的绞车把火箭吊上发射架；没有燃料加压设备，就用自行车的打气筒把气压打上去……计算机是手动的，为了计算一条弹道，几个人夜以继日地干两个多月，计算用的纸比办公桌还高；没有发射场，他们把稻田当作发射场……很多"土

工作人员用打气筒为"T-7M"加注推进剂

办法"成为当时解决技术性问题的关键。他们夜以继日连轴转地奋战，顾不及除此之外的一切。

作为技术负责人，王希季恨不得一天24小时都用在工作上。火箭的图纸有上千张，他一张张认真审核，发现问题马上请设计人员逐一修改，改后还要再详细地审查一遍，任何一个细微的疏漏也绝不放过，如此反复直到确保丝毫无误为止。

他清晨去上班，午夜之后才归家，没有节假日，无法为妻子聂秀芳分担半点的家务。母亲年老体弱，里里外外的事务全由拖着病体的妻子一人承担。在家里，王希季有时坐卧不安，茶饭不思；有时兴高采烈，像个孩子。他的反常举止，让母亲和妻子焦虑。问他为什么，他总是三缄其口不吭声。因为严格的保密纪律，他唯有把一切苦与乐埋藏在心中。对此，母亲不能理解，然而聂秀芳是明白人，每当王希季沉默不语时，她从来也不干扰他。

在三年困难时期，饥饿困扰着大多数中国人，研制火箭的工作人员也不能幸免。每人一个月20多斤的口粮，缺油少肉没鸡蛋，连青菜都无法满足需要。不少人因营养不良而得了浮肿病，大家没有一句怨言，照常勤奋工作，不见丝毫松懈。

面对这样一个进度紧、条件差、困难重重的开创性工程，王希季带领着科研人员们义无反顾地知难而上，始终保持着高昂饱满的工作热情。一群饥肠辘辘的人每天吃烂糊面和咸菜，常常在半饥饿的状态下工作到深夜。他们绞尽脑汁考虑的不是如何填饱自己的肚子，而是怎样艰苦奋斗、白手起家让中国的探空火箭早日飞上高空。

1960年2月19日，我国第一枚完全自主设计、自主制造的液体探空火箭"T-7M"随着一声令下腾空而起，奔向遥远天际。飞行高度8千米！这枚承载着新中国航天梦的探空火箭成功首飞。随后，从探空火箭到长征一号运载火箭，将近十年的时间里，王希季硬是把自己从一个门外汉变成运载火箭专家。如今王院士老了，他的心却依然跟随着火箭奔腾万里。

恰同学少年激情四射，王希季奋斗一生，让中国的星辰闪耀在无垠太空，他拼搏创新的精神，也会闪耀在我们的心中，让我们这一代人，怀揣梦想砥砺前行，探索不一样的未知，创造不一样的未来。

"T-7M"火箭模型

儿子眼中的功勋父亲

陈芳允（1916年4月3日—2000年4月29日），浙江台州人。无线电电子学与空间系统工程专家，中国科学院院士。1938年毕业于清华大学物理系。1945年赴英国COSSOR无线电厂研究室从事电视和船用雷达研究。1948年回国。他是中国卫星测量、控制技术的奠基人之一，提出了微波统一测控系统、双星定位系统、遥感小卫星群对地观测系统和小卫星移动卫星通信系统等方案，参加了我国回收型遥感卫星的测控系统方案的设计和制定工作，为我国十几颗遥感卫星成功回收作出了重大贡献。他先后获得国家科技进步奖特等奖、何梁何利基金科学与技术进步奖，1999年被授予"两弹一星功勋奖章"。

　　"我父亲在家从来不提工作上的事，一来是出于保密的缘故，二来父亲在家里也忙于计算数据、看书看资料，没有时间聊天。"陈芳允的儿子陈晓东，从小对家里生活氛围的感受就一个字——静！在陈晓东的印象里，家里每天都是极安静的，只能听见父亲、母亲阅读的翻书声，和不停做笔记的沙沙声。平时家里人说话，声音也很小，有时明明有人在家，却安静得鸦雀无声。

陈芳允对于自己时间的管理极其严格，几乎把所有的时间都用在了科研上。陈晓东印象中父亲从来不穿带拉链的衣服，因为有一次穿衣服被拉链卡住了，弄了好久才修好，浪费了好多时间，自此以后父亲就再也没有穿过带拉链的衣服了。他觉得时间宝贵，要把每分每秒都用在有意义的事上。陈芳允甚至学会给自己理发，这是当年在导弹试验基地的军营形成的习惯，部队经常要检查军容军纪，军人的发型有标准尺寸，部队理发室也经常要排队理发，虽然花不了几毛钱，可是费时间，陈芳允觉得浪费时间等待理发是极其可惜的。为此，练就了一手自己给自己理发的绝活。从那时开始，他便再也没有进过理发室。他一般是十天理一次，有时半月理一次，随意极了，也方便极了。每当理发时，他便端起一个小凳子，往自家门前一坐，再用一件旧衣服围住脖子，然后左手拿镜子，右手拿剪子，喊里咔嚓，三下两下，只需一会儿工夫，便把头收拾得既让自己瞧着满意，也让别人看了舒服。

那时候，陈芳允一家人住在中科院的家属楼，陈晓东说："家属楼分为特楼、甲楼、乙楼、丙楼等，里面住着中国顶级的科学家们，特15楼作为'楼王'更是住着杨承宗、钱学森、郭永怀等先生们。我们住在甲10楼，当时有人告知父亲，特15楼腾出来一套房，我们可以搬过去住。但父亲一口回绝了，理由是搬家太浪费时间，科研任务重，有这个时间不如用在科学研究上。"

除了日常工作外，节假日陈芳允夫妇也不会全休，总有一天会去加班，而这一天对他们来说真是太好了：安静，没有人打扰。陈晓东的妻子也回忆道："我公公婆婆每次加班回来都很高兴，因为解决了他们想要解决的一些难题而感到特别轻松。所以直到现在，我们家节假日观念也很淡薄，春节也是如此。那时候的春节，我公公除了会去看望老师外，其他时间都是和婆婆去图书馆看书学习。一家人都好学，到了晚上

陈芳允家中学习

大家都在看书。其他几户人家的年轻人受到我家读书氛围的熏陶，养成了勤学习、勤动手的好习惯，都表示同先生们住得越久，就越敬重，后来一位从技术人员提为高工，一位从助工提为副教授。"

陈芳允还有一个好习惯，就是什么事儿都拿个小本子记下来。所以他去世后，家里留下了好多的小本子，里面记录了很多运算公式和图解内容。陈晓东曾回忆道："当年召开陈芳允百年诞辰座谈会的时候，有一位先生还说，如果把这些仔细整理一下，还是很有用的。"在陈晓东的记忆里，父亲不知道用坏了多少个计算器，记了多少个笔记本。

自从1957年苏联卫星上天后，陈芳允接收到那颗卫星的无线电信号，从此他的心就安静不下来了。1958年，毛泽东主席号召"我们也要搞人造卫星"，整整7年曲折而艰难的历程，他的脑海里一直在旋转着中国的人造卫星。

陈芳允正式接受第一颗人造卫星地面跟踪测量任务的时间是1965

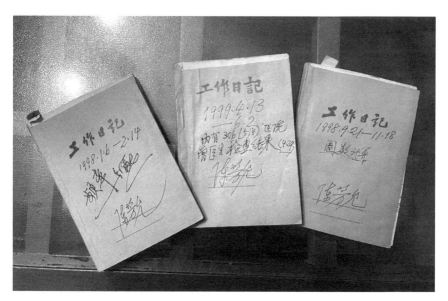

陈芳允工作日记

年3月16日。那天，中国科学院召集各研究所领导开会，传达周恩来总理关于中国科学院参加研制人造卫星的几点批示。传达结束后，关于卫星的地面跟踪测量问题便正式提出来，院领导决定由陈芳允担任技术负责人，尽快拿出方案来。

陈芳允负责的工作，通俗地讲，当运载火箭托举着人造卫星升空并送入预定轨道之后，卫星便在人们给它设计的轨道上绕着地球运行。卫星的正常运行和按计划完成使命，要靠地面观测系统对它实施跟踪、测量、计算、预报和控制，而这些都是通过人眼看不到的无线电波来实现的。这对中国的空间科技人员是一个全新的课题，特别是对卫星的跟踪观测到底采用哪种手段和方案，没有经验可以借鉴，完全是白手起家。

据陈芳允的二儿子陈晓南先生回忆，父亲需要带领其他技术人员深入研究，反复进行方案论证，那个年代不可能有现成的进口设备，所有测量设备必须由国内几十家工厂来做，父亲奔走于全国的各个工厂，解决他们的技术难题；我国最初发展航天技术的投资仅是美国的千分之五。在国内建站和研制设备，也得把费用减少到最低，并且要达到"投资少、见效快、一次成功"的目标。为实地勘测卫星跟踪测量点，陈芳允带领技术人员走南闯北，跋山涉水，陈晓南回忆道："那时的我已是十几岁的小伙子，在记忆中，那些年父亲一直在外奔波忙碌，很少见到他的身影，即使偶尔回到家中，父亲还是在他的书房里查阅大量资料，埋头工作。"

那年月出门在外实在是件艰苦的事情，即使陈芳允当时已经是教授级研究员，乘火车照样和年轻人一样坐硬座，碰上运气不好，还要人挤人地站上大半天。火车过道上全挤满了人也就谈不上送水送饭了，陈芳允背着军用水壶，渴了喝几口，饿了从军用挎包里掏出凉馒头随便啃上几口。就这样，从炎热的广西、海南岛到寒冷的戈壁滩，从东边美丽的沿海城市到西边大漠深处，都留下了陈芳允的足迹。根据陈芳允的实地考察，设立了闽西、南宁、昆明、莱阳四个勘测站。他提出了以多普勒测量为主，并在卫星入轨点附近的地面观测站设置雷达和光学设备加以双重保障的技术方案。

"东方红，太阳升……"1970年4月24日，"东方红一号"在太空发出了动听的音乐。陈芳允负责建立起来的地面测控系统，准确无误地预报了高空卫星飞经世界200多个城市上空的确切时间，令世界各国震惊。

陈芳允晚年一直忙于小卫星（北斗卫星）的研究，每天提着一个布袋子，到处跟人讲解。他的儿子曾经回忆道："我父亲为小卫星奔走呼吁了十年，直到病危住院，在病房里依然坚持做着研究。只是很遗憾，父亲没能看到卫星发射成功，父亲对卫星系统的探索还有很多想法未能实现。"

2000年4月29日，陈芳允与世长辞，享年84岁。如今，仰望苍穹，有一颗"陈芳允星"与北斗卫星交相辉映，仿佛在用另一种方式守望夜空。陈芳允院士种种事迹的背后，蕴藏着他精忠报国，扎根科研的赤诚之心；显现着他淡泊名利，艰苦奋斗的伟大科学家精神。

将生命化为银河中的一颗星

杨嘉墀（1919年9月9日—2006年6月11日），江苏吴江人。空间自动控制学家，中国科学院院士。1941年毕业于上海交通大学电机系。1947年赴美国哈佛大学文理学院工程科学与应用物理系留学，获硕士和博士学位。1956年回国。他长期致力于我国科学技术和航天事业的发展，参与中国空间技术发展规划的制订，领导和参加我国第一颗人造地球卫星姿态测量系统的研制，指导研制为原子弹爆炸试验所需的检测技术及设备等重大科研项目。他先后获得国家科技进步奖特等奖、何梁何利基金科学与技术进步奖，1999年被授予"两弹一星功勋奖章"。

1956年8月，一艘远洋客轮在黄昏的余晖中缓缓前行，美国西海岸起起伏伏的山峦在船尾渐渐消失。一个男人站在甲板上，他的面孔坚毅而深邃。他深深地吸了一口气，那是海水的咸味，是自由的象征，也是他即将回家的预告。这是他一生中极其重要的一次航程，他是漂泊海外的游子，终于能够回到阔别已久的祖国怀抱；他将用自己所学的知识，为新中国的建设服务，为自己的民族服务。10年的留美生活，使他积累了宝贵的知识财富，现在，他要用这笔财富为人民谋幸福，为祖国谋发展。

这个男人，就是杨嘉墀。20世纪中叶的美国，能够为科研人员提供最先进的仪器设备和最充足的科研经费，也能给他们足够优越的生活条件。可物质上的丰富终究敌不过拳拳的爱国之心，在杨嘉墀看来，祖国现在的落后只是暂时的，他坚信"一穷二白"的现状终会因为无数爱国志士的努力有所改善，终会经一代代中国人的努力而彻底改变。

1956年，中共中央召开关于知识分子问题的会议。高薪厚禄和轿车洋房哪里比得过"向现代科学进军"这声号角的感召力。受到鼓舞的杨嘉墀对妻子说："咱们快回去吧，别等人家把祖国建设好了我们才回去，那就不像样了。"随后，他变卖家产，倾尽积蓄购买了示波器、振荡器、真空管、电压表等当时国内急需的科研设备，携妻女踏上了回国的归途。在离境时，移民局工作人员询问是否自愿回国，杨嘉墀理直气壮地大声回答："是自愿的！"

归国的杨嘉墀犹如一个激情迸发的诗人，用如椽大笔在中华大地上谱写出了一篇篇壮丽的诗歌。"火球温度测量仪""冲击波压力测量仪""火球光电光谱仪""地下核试验火球超高温测量仪"这些特别的仪器都是在他的带领下造出的。

但科研的道路从来都不是一帆风顺的。1975年我国第一颗返回式卫星终于在酒泉成功发射。短暂的喜悦之后，一组数据却让在场的工作人员陷入了忐忑。因为，陕西渭南测控中心收到了卫星传回的一组气压下降过快的数据，这些数据表明：靠喷气产生反作用力所发射的卫星，可能会因氮气耗尽而提前返回。急速闪烁的"红灯"，牵动着每一个人的心。时任国防科委副主任的钱学森立即召集杨嘉墀等科学家，围在一张简陋的木桌前商讨对策。会场气氛沉闷，与会者个个眉头紧锁。谁都没有开头说话，只有指头敲在桌子上发出的清脆响声。

"现在首先要搞清楚，按这样的下降速度，能否保证卫星返回时所必需的气压？"钱学森率先打破了沉默，一针见血地指出了问题的要害。

在场的专家们大都认为根据计算结果，卫星在太空运行3天的希望几乎为零。有人提议，如果等气压降到安全线以下再降落，不光意味着此次发射的失败，也意味着地面控制中心无法控制卫星的降落地点，将会带来很大的安全隐患，与其这样，不如让卫星提前返回地面。但是，如果卫星仅运行1天就提前降落，那么落点将会在我国人口密集的中原地区，而且事发突然，压根来不及疏散群众，这将会带来无法估量的损失，也是大家都不愿意看到的。进退维谷的局面压得与会者喘不过气来。

这时，钱学森把目光转向一直低头用铅笔在纸上计算着的杨嘉墀，点名要听听他的意见。杨嘉墀放下手中的笔，胸有成竹地分析说："各位的意见都很有道理，但从我的计算判断，出现这一现象是因为地面温度高，太空温度低，卫星入轨后，冷热悬殊，气压下降的速度就会加快，但运行一段时间后，就会稳定下来。坚持3天问题不大，我的意见是按原计划进行。"一向按科学规律办事的钱学森，果断地采纳了杨嘉墀的意见，迅速作出决策，报告中央。

尽管钱学森采纳了他的意见，中央也同意了这个决策，可杨嘉墀内心却并没有看起来那样云淡风轻，因为他深知航天技术的风险是巨大的，即使一个小的纰漏也会导致难以挽回的损失。如果卫星一旦失控，个人名誉的损失是小，无数百姓的安全重于泰山。事关重大，放心不下的杨嘉墀借着冬夜泛着寒气的月光，爬上了山顶，观测卫星的运行情况。尽管这个高度看不清卫星的样貌，可似乎只有这样，才能让他忐忑的心平静下来。后来，他回忆说："在高度紧张的状态下，并不会觉得困和冷，我一直守到天亮，得知卫星上气压完全稳定后，才从山上下来。"3天的时间，对于杨嘉墀来说，每一分每一秒都是煎熬，他不放过测控中心的任何一个数据，只为了确保卫星能安全飞行。终于，在漫长的72小时之后，绕地球运行了47圈的卫星在预定地区安稳着陆。指挥卫星发射的钱学森非常激动，他握住杨嘉墀的手说："这次试验能够成功，你功不可没。"又感慨地说："美国试验返回式卫星的初期，经历过多少次失败、多少次挫折才成功，而我们一次就成功了。"叶剑英元帅看了卫星回收的照片后赞扬说："首次回收卫星，能落在中国大地上，就是胜利。"

的确，我国首次回收卫星，就能达到这种水平，不能不说是一个奇迹。这也标志着中国成为继美国、苏联之后，世界上第三个掌握卫星回收技术的国家。而杨嘉墀的名字也将随着这份荣耀被后人永远铭记。

工作中的杨嘉墀

熟悉杨嘉墀院士的人说，杨嘉墀总是由衷地认为：荣誉属于集体，属于群众。把自己放在一个默默无闻的位置上。因此，每当获得了荣誉，面对祝贺，杨嘉墀总是有点不好意思地说："没什么，没什么，事是大家干的，我赶上了好时候。"1999年，杨嘉墀获"两弹一星功勋奖章"时，他还是这么说。

杨嘉墀院士在《我这五十年》中，满怀深情地写道："我期望我国航天技术，将不断占领科技高地：到21世纪中叶，能够与世界空间大国，在航天科技领域并驾齐驱，为人类作出更大的贡献。"

走自己的路①

姚桐斌（1922 年 9 月 3 日—1968 年 6 月 8 日），江苏无锡人。冶金学和航天材料专家。1945 年毕业于上海交通大学。1947 年赴英国伯明翰大学工业冶金系留学，获博士学位。1957 年回国。作为我国第一代航天材料工艺专家和技术领路人，对现代冶金学有关金属和合金黏性流动性的研究卓有成绩。他主持了液体火箭发动机材料的振动疲劳破坏问题和液体火箭焊接结构的振动疲劳破坏问题的研究，对火箭部件的设计、选材和制造起了指导性的作用。1985 年获国家科技进步奖特等奖，1999 年中共中央、国务院、中央军委追授他"两弹一星功勋奖章"。

1999 年 9 月 18 日，中共中央、国务院、中央军委在人民大会堂隆重举行表彰为研制"两弹一星"作出突出贡献的科技专家大会。江泽民为诸位科学家颁发"两弹一星功勋奖章"。随后，他说："广大研制工

①　本篇内容主要参考科学时报社编《请历史记住他们——中国科学家与"两弹一星"》，暨南大学出版社 1999 年。

作者充分发挥聪明才智，敢于创新、善于创新。他们攻破了几千个重大的技术难关，制造了几十万台件设备、仪器、仪表。他们知难而进，奋力求新，不仅使研制工作在较短时期内连续取得重大成功，而且有力地保证了我国独立地掌握国防和航天的尖端技术。"

讲话深深触动了在场的一位白发苍苍的老人，她眼中闪烁着激动的泪光。老人名叫彭洁清，或许你未曾听过这个名字，但提及她的丈夫，相信许多人都有所耳闻。

他叫姚桐斌，是我国火箭材料及工艺的开拓者和奠基人。正是有了他，中国航天材料事业得以从一无所有，跃进到了世界第一阵营，让神舟飞船顺利上天，遨游太空。

1922年9月，姚桐斌出生在江苏无锡黄土塘的一个寒门家庭。在艰难的岁月里，姚桐斌始终坚持求学。1945年8月，靠着勤学、踏实，姚桐斌以全班总评第一名的成绩毕业于唐山交通大学矿业系，并于1946年顺利通过了抗日战争胜利后的第一次公费留学考试。

1947年，姚桐斌远赴英国伯明翰大学攻读博士学位，师从国际铸造学会副主席、终身教授康德西博士，从事金属流动性和黏性的研究，于1951年获工业冶金学博士学位。

"我们这些后代也应该为祖国多作些贡献，使中国在科技方面进入世界先进行列"，姚桐斌在心中始终怀揣着科技报国的梦想。1957年，姚桐斌结束留学生涯，踏上回国轮船，投身祖国的科技事业。

聂荣臻元帅亲自点将，调姚桐斌到国防部第五研究院材料研究室工作。新材料是航空工业发展的基础，聂荣臻元帅在其《回忆录》中形象地把新型原材料、精密仪器仪表、大型设备等比作国防工业和尖端科学的开门七件事——柴、米、油、盐、酱、醋、茶。可见，姚桐斌承担的任务之重，但那时材料研究室只有12名大学毕业生，每人一张三屉桌，没有任何仪器设备，他们要从零开始。

1957年10月，中苏签订《国防新技术协定》，苏联卖给我国一枚较为落后的导弹并附带了一套代号为"8102"的图纸资料。材料研究室大学毕业生的主要任务是翻译和消化苏联的图纸资料。

按照"8102"资料中提出的工作模式，姚桐斌所主持的材料研究室是负责根据火箭设计部门提出的材料需求，向材料生产部门订货，并对材料产品进行检验的技术机构。人们把这种模式叫"抓两头"，即一头是火箭设计部门，另一头是材料研究和生产部门。这一模式在苏联行得通，因为当时苏联的航空工业也有了雄厚的基础，航天基础材料已能生产，各种材料研究机构已有相当规模。但这种模式并不一定适合工业基础落后的新中国。

针对我国航空工业实际情况和发展方向，姚桐斌创造性地提出了一个有别于苏联模式的火箭材料研发思路——"抓两头，带中间"。"中间"就是姚桐斌主持的材料研究室，除了要了解设计部门所需材料及其应用的特点，及时把它们下达给国内的材料研究、生产部门外，还要对新研制的材料进行接近导弹实际工作条件的性能试验。

高温至几千摄氏度，低温至零下一百多摄氏度的力学性能、物理性能试验。高温至几千摄氏度，伴有气流冲刷的烧蚀材料筛选试验。快速或长期的材料储存、老化试验、腐蚀试验、高强度高频率疲劳试验，等等。

这些都是开创性工作，既没有试验方法也没有试验设备，需要发动全国的研制

工作中的姚桐斌

力量来完成。

姚桐斌深知任务艰巨，但他并未退缩，先后向聂荣臻元帅及导弹研究院领导钱学森等同志汇报了他的这一思路，接着就将"带中间"想法付诸实施，他建议召开了一系列全国性会议作为大协作的准备。

1961年3月21日，以国防部五院的名义，召开了防热材料全国大协作攻关会议，其目的是参照国外防热材料发展情况，结合我国导弹发展的要求，制订防热材料发展规划，提请国家组织协作攻关。

1961年5月30日至6月7日，姚桐斌主持召开了全国第一届高温测试会议。会议决定成立高温测试领导小组，姚桐斌任副组长。

1961年8月17日至31日，国家科委主持召开了"国家金属材料规划会议"。会议组成领导小组，姚桐斌代表五院加入。

1962年姚桐斌还主持了全国性的高温涂层会议，部署并总结火箭弹头及发动机所用的高温涂层的研制工作。1963年姚桐斌又主持召开了防热材料规划会议。

这一系列全国性的会议和措施，为姚桐斌提出的"抓两头，带中间"方针的实施奠定了坚实的基础。它们促成了全国范围内航空材料、工艺、测试设备和测试方法的协作网络的建立。

一位曾任703所（材料研究室扩建）所长的航天材料专家的谈话可以说明姚桐斌定下的"抓两头，带中间"研究方向对我国航天材料发展的影响。他说："没有当时的'带中间'这一块，我国材料及工艺这块会拖导弹型号任务的后腿。举个例子，比如说橡胶，开头叫我们'抓两头'，拿到各工厂去试制，试制到最后有八种橡胶件过不了关，就拖了1059（仿制苏联P-2近程地地导弹的工程代号）的后腿。叫外单位搞，外单位又不明白你这儿的情况。我们有劲使不上，因为我们没有设备，自己不能做。拿到某橡胶设计研究院去做，结果干不出来，成了当时的拦路虎。所以在这样的情况下，必须'带中间'。"

　　他继续赞扬道："姚所长带领我们所结合中国的实际，能够研究出来让导弹上天的材料及工艺，这是他的贡献。他自力更生地领着我们这些刚从学校出来的人，抓两头带中间，既做到了全国大协作，又保证了自己研制成的关键部件，而且通过任务培养了一支队伍。姚所长为我们奠定了正确的科研方向。"

　　"实践反复告诉我们，关键核心技术是要不来、买不来、讨不来的。"从东方红一号的成功升空，到神舟飞天的壮丽景象，再到嫦娥奔月、祝融探火、北斗组网等辉煌成就，中国航天人始终坚定自力更生的信念，用智慧和汗水不断攻克一项项"卡脖子"核心技术，让中国在探索太空的道路上走得更稳、更远。

永恒的追光者

王大珩（1915年2月26日—2011年7月21日），江苏吴县人。应用光学家，中国科学院院士，中国工程院院士。1936年毕业于清华大学。1938年赴英国，攻读应用光学专业，获得硕士学位。1948年回国。他创办了中国科学院仪器馆，以后发展成为长春光学精密机械研究所，领导该所历时30余年。对国防现代化研制各种大型光学观测设备有突出贡献，为我国的仪器仪表事业及计量科学的发展起了重要作用。他先后获得国家科技进步奖特等奖、何梁何利基金科学与技术成就奖，1999年被授予"两弹一星功勋奖章"。2018年12月被授予"改革先锋"称号，颁授改革先锋奖章。

1915年初春，天气乍暖还寒，在东京气象站旁的一所和式住宅里诞生了一名男婴，这个有着清脆嘹亮啼哭声的婴儿就是后来名扬中外的"两弹一星"功勋科学家——王大珩。

看着刚出生的儿子，王应伟兴奋不已。他端详着儿子的小脸，苦思冥想给儿子起名字。

1894年，中日两国在黄海展开了一场震惊世界的大海战。尽管在此之前，西方资本主义列强已经发动过一次又一次的侵华战争，尽管历次都是以中国的失败和签订丧权辱国的不平等条约而告终，但一次次的屈辱并没有唤醒这个古老的国家，朝野上下依旧是文恬武嬉，沉醉在四海升平的幻象之中。但甲午战争则与以往大不相同，这场战争的对手不是头号资本主义强国英吉利，不是欧洲霸主法兰西，而是历来被中国人瞧不起的蕞尔小国日本。战争的结果是人们始料未及的，日本以"寥寥数舰之舟师，区区数万人之众，一战而剪我最亲之藩属，再战而陪都动摇，三战而夺我最坚之海口，四战而威海之海军丧矣"，此后签订的《马关条约》，成为自鸦片战争以来割地面积最大、赔款最多的一个条约，它的贪婪和苛刻超过了历次不平等条约，这场战争彻底摧毁了北洋水师，彻底摧毁了大清帝国的尊严，也彻底摧毁了中国知识分子的最后一道心理防线。这场战争惊醒了中国知识分子的科举梦，王应伟看清了清政府的腐败无能，看清了封建制度的僵化腐朽，已经考取秀才的他痛定思痛，决定留学日本，学习先进技术，实业救国。正是这个决定，造就了一个科技世家的诞生。

在思考良久之后，王应伟从浩瀚的汉字中，选取一个极不常用的生僻字"珩"，来为自己的儿子命名。"珩"字在辞典上有两种解释：一是形状像古代乐器磬的玉佩上面的横玉，温文尔雅；二是珩（héng）磨，意思是对内孔表面进行光整加工的一种方法，使内孔表面更加光滑。温文尔雅的王大珩将他的一生奉献给了祖国的光学事业。

不管王应伟的主观意愿是什么，"珩"字两个截然不同的含义同时融入了儿子生命之中。

1948年的一个夜晚，夜幕降临的伦敦灯火阑珊，喧嚣了一天的城市渐渐归于平静，蒙蒙的细雨伴随着秋风落在了地上，抚慰着战争的创伤。月色如水，洒在静谧的窗棂上，王大珩静静地站在窗前，他的手中握着一台收音机，尽管传出的声音一直受到信号的干扰，会发出刺啦刺啦的声音，但每到夜晚，他都会通过它去寻找祖国的声音。

王大珩静静地听着，一个熟悉的声音传出，是解放军所向披靡一往无前取得一次次胜利的消息。那些声音穿越了千山万水，穿越了繁星闪烁的夜空，来到他的窗前，击中他的内心。他知道，那些声音在告诉他：该回去了。于是，他按捺不住迫切的归国愿望，满怀科技强国的梦想，回到尚未解放的上海。

国民政府统治下的上海，找不到一处可以安静从事科学研究之地，仅有一个只能制造简单望远镜和低倍显微镜的破旧工厂，若没有光学、光学玻璃，就无法研制出高水平的精密测量设备，更何谈增强国防力量啊！

1949年3月，在恩师吴有训的引荐下，王大珩从上海秘密到香港，然后再绕道朝鲜到达了解放区。王大珩来到大连大学，担任物理系主任。当时的大连大学物理系正处于初创期，一切都要从零开始，王大珩怀着高昂的热情，将知识的种子播撒在学生中，努力要为新中国结下累累硕果。

为了研制我国的光学玻璃，1951年1月24日，在钱三强的推荐下，王大珩被任命为中国科学院仪器馆筹备委员会副主任。不久，他带着上级给的筹建经费——1400万斤小米和20余名助手前往长春，大家一起住着破房子，填弹坑、修旧利废。1953年12月，中国第一炉光学玻璃熔制成功，结束了中国没有光学玻璃制造能力的历史，也为新中国光学事业的发展揭开了序幕。

后来，在王大珩的带领下，中科院长春光机所在建所不到10年的时间里，初步构建了布局合理、结构完整、功能齐备的光学及精密机械学的研究基础，相继研制成功我国第一台电子显微镜、第一台高温金相显微镜等一大批高水平光学仪器，创造了闻名全国的"八大件一个汤"

（指大型电子显微镜、高温金相显微镜、万能工具显微镜、多倍投影仪、大型光谱仪、晶体谱仪、高精度经纬仪、第一台光电测距仪等8种有代表性的光学仪器和融化态光学玻璃），一举填补了新中国在该领域的空白，奠定了国产精密光学仪器的基础。在当时的中国科技界，甚至流传着这样一句话：**没东西（指光学仪器），找王大珩。**

20世纪60年代，我国开始独立自主研制原子弹、导弹。在研究落实各项研制工作时，钱学森说："原子弹、导弹中的光学设备一定要让光机所来做！"王大珩毅然承担起这一重任。

王大珩亲自担任项目的总工程师，在靶场上建立大型光学弹道测量系统，提出工程总体方案和规划技术路线，对保证仪器性能指标和缩短研制周期起了关键作用。经过5年多的努力，项目获得了成功，使我国的光学技术又向前迈进了一大步。

王大珩带领的团队为"两弹一星"的研制提供了必不可少的光学观测设备：用来测量中程地地导弹轨道参数的我国第一台大型靶场观测设备，用来记录我国第一颗原子弹爆炸火球威力的高速摄影仪，以及我国第一颗可回收对地观测卫星所用的对地观测系统……

直到今天，在我国"神舟"系列飞船的发射中，王大珩当年带领大家研制的光学电影经纬仪依然发挥着重要的作用。

回望一生，王大珩觉得自己非常幸运，遇到了为国奉献的大好时机，实践了自己的人生梦想。古稀之年的他写的一首词正是对深爱着的祖国和光学事业的真诚表达："光阴流逝，岁月峥嵘七十多少事，有志愿参驰，为祖国振兴。光学老又新，前程似锦。搞这般专业很称心。"

2011年7月21日，王大珩在北京逝世，他的骨灰运回了长春，回到了他事业起步的地方。这座城市成就了他，他也成就了这座光学之城。他的精神与战略思想，也会伴着那颗"王大珩星"一起永远遨游寰宇，光耀苍穹。

奇从简中出　香自苦寒来

何泽慧（1914年3月5日—2011年6月20日），生于江苏苏州，祖籍山西灵石。杰出的核物理学家。中国人民政治协商会议第五、六、七届全国委员，空间科学学会原常务理事，中科院高能所原副所长。1936年毕业于清华大学。1940年获德国柏林工业大学工程博士学位。1980年当选为中国科学院学部委员。被誉为"中国的居里夫人"。为纪念何泽慧在推动中国高能天体物理发展上的贡献，中国首颗X射线天文卫星命名为"慧眼"。

　　1945年冬天，一个周末的清晨，当全世界人民还沉浸在二战胜利的喜悦中时，远在巴黎寓所的钱三强突然听到一阵急促的门铃声。他打开门一看，着实吃了一惊，站在门口的这个人，竟然是何泽慧。

　　何泽慧既没有打电话，也没有发电报，就悄悄地从德国跑过来了，这给了钱三强莫大的惊喜。这次相会，何泽慧随身只带了一个小箱子，箱子里除了许多邮票之外，都是一些实验资料。在巴黎短暂相处的时间里，他们除了一起进行实验研究，参观实验室，钱三强还带她游览了战后伤痕累累的巴黎，领略了塞纳河畔的日落，并在埃菲尔铁塔上欣赏了巴黎全景。两颗本已相通的心，经历过这次碰撞，已经完全融合在一起。几个月后，何泽慧和钱三强在巴黎登记注册并举行婚礼，主婚人正是诺贝尔化学奖的获得者——小居里夫妇伊雷娜和约里奥。

小居里夫妇是大名鼎鼎的居里夫人的女儿和女婿，他们继承了居里夫人的衣钵，并在1935年获得诺贝尔化学奖。约里奥感慨道："居里先生和夫人曾经在一个实验室中亲密合作，之后我和伊雷娜又结为伴侣。似乎我们是受了'传染'，但这种'传染'对科学非常有利。今天，我们家的'传染病'又传给了你们！"两位新人听完，相视一笑。结婚三天后，这对新人便继续工作了。受小居里夫妇的邀请，何泽慧成为钱三强在居里实验室和原子核化学实验室的同事，一起研究原子核的三分裂现象。

通常，原子核一次只能分裂成两个碎片，而三分裂则意味着原子核能够一次分成三个碎片。在研究中，他们使用核乳胶记录铀原子核的裂变，然后在高倍显微镜下寻找三分裂的径迹。在昏暗的视野中，何泽慧耐心地搜索那些难以捉摸的径迹。这项观测工作非常辛苦，需要长时间集中注意力，导致眼睛疲劳，引起头痛。而且，由于身体长时间固定在一种姿势下，全身都会感到极度疲劳。而何泽慧凭借她的细致和耐心，孜孜以求，不放过任何一条径迹，结果是她发现得最多。

◇ **核乳胶**

一种记录带电粒子径迹的特制照相乳胶。它比一般的照相乳胶层厚、密度大，即含更多的溴化银，且颗粒细，分布均匀。当带电粒子穿过核乳胶层时，可使其径迹上的原子发生电离并在照相底板中形成潜像，经显影和定影后可显示出粒子的径迹，再在显微镜下测量。

何泽慧与小居里夫人伊雷娜

1946年11月22日晚，何泽慧偶然在一张早前的底片上发现一个特殊事例。在显微镜的视野中，她惊奇地看到一个点发射出了四条粗线：两条长径迹，两条短径迹。第二天，钱三强对这些径迹进行了观察和确认。经过反复讨论，他们判断这是一个铀的四分裂。四条径迹几乎在同一个平面上。这个实例显示，重原子核不仅可能发生三分裂，而且有可能发生更多分裂的情况。很快，何泽慧发表论文，宣布首次清晰地发现铀俘获中子的四分裂。

1947年2月，何泽慧再次观察到第二个四分裂的事例，这个事例中三个碎片是重的，一个是轻的。据估算，四分裂的概率仅为二分裂的万分之二左右。三分裂与四分裂的发现得到了小居里夫妇的坚定支持。

1947年春，约里奥在巴黎召开的一次国际科学会议上宣布了这项发现，并说："这是二战以后物理学上的一项有意义的工作。它是由两位中国青年科学家和两位法国青年研究人员共同完成的，是国际合作的产物。"铀核三分裂、四分裂现象的存在被证实，立刻在国际科学界引起巨大轰动。

即便在国外取得了重大科技成就和荣誉，何泽慧却始终心系祖国的建设事业。1948年夏天，何泽慧与丈夫为实现自己报效祖国的心愿，放弃了国外优渥的生活，克服重重困难，带着几个月大的女儿回到阔别多年的祖国，参与北平研究院原子学研究所的组建。不久，北平和平解放，北平研究院原子学研究所被中国科学院接收，并于1950年5月重组为近代物理研究所，筹建的重任就落在了何泽慧与钱三强的肩上。那个时候新中国刚刚成立，真的是一穷二白，要啥没啥，连最基础的实验仪器都没有，和国外的条件比起来简直是天差地别。面对这样的困难，何泽慧并没有气馁，她说："我们早知道国内的情形，回来并不是来享受的，而是来吃苦的。希望在自己国家的环境里，领导本国的青年做一些事，创造一些工作。"

为了解决人员和仪器不足的问题，她一个人当两个人用，没有实验仪器，她骑着自行车，穿梭在杂货店之间，甚至到废品站和旧货市场搜罗一切能用的元件，然后两人一起绘制图纸、动手制作仪器设备，他们做出了一个又一个简单却有用的仪器。在这对夫妇的带领下，物理所的规模也从最开始的只有5个人，迅速扩大到了150人。有了科研队伍，物理所的科学研究终于走上了正轨。

1955年初，何泽慧积极领导开展中子物理与裂变物理的实验准备工作。搞核物理研究，离不开核乳胶照相技术。在当时，照相乳胶还是一项保密技术，中国当时在这个领域几乎是空白，无法自主生产，只能从国外进口，但从国外购买乳胶往往因为运输时间过久而灵敏度降低，再加上西方国家对中国的科技封锁，使得核物理研究受到了严重影响。为此，何泽慧下决心要研究出来属于自己的核乳胶，摆脱对外国

何泽慧与丈夫钱三强

产品的依赖。说干就干，何泽慧带领团队，凭借自己对于核乳胶的了解，经过数百次实验，终于在1956年制成了对质子、α粒子及裂变碎片灵敏的原子核乳胶核–2和核–3乳胶，各方面性能都达到了国际先进水平，为我国核试验技术成熟与完善打下了基础。该项成果获得了1956年度中国科学院自然科学奖金，该奖项被追认为首届国家自然科学奖。

尽管她为国家作出了巨大的贡献，但她的生活一丁点儿也不"讲究"，86岁的何泽慧坚持坐公车到高能物理所上班，拒绝单位的专车接送，晚了就从食堂买几个包子、馒头带回去吃，渴了就喝点白开水。她总是提着一个人造革书包，那书包带子已经断了，用绳子系着，革裂开了，用针线缝了起来。她的衣服上还有补丁，脚穿老式解放鞋。92岁那年，她不小心摔坏了脚，痊愈以后，她依然坚持上班，单位坚持派车接送，她这才接受了，但要求不坐小轿车，而要坐单位的中巴，一来节约，二来可以和同事聊天。这种精神，连中国工程院王大珩院士都感叹：春光明媚日初起，背着书包上班去，尊询大娘年几许，九十高龄有童趣。

2011年6月20日，在走完近一个世纪的人生路后，"中国的居里夫人"、伟大的核物理学家何泽慧，静静地、永远地闭上了双眼。她的一生是简中出奇、苦寒中飘香的一生，生于名门望族，却一生清贫；放弃荣耀，毅然回国参加祖国建设；身为女子，一次次打破社会对女子的枷锁，在科研领域争当"第一"。尽管她的名字被众多科学家所掩盖，但她的科学成就依然堪称传奇，她是中国第一位物理学女博士，中科院第一位女院士，中国第一代核物理学家，是世界级科学巨匠，她的名字是——何泽慧。

枕着氢弹睡觉的人

马国惠，黑龙江哈尔滨人，1941年4月出生，1960年7月入伍，1962年8月加入中国共产党。历任学员、技术员、副主任、副处长、处长，第21试验训练基地技术部主任、基地参谋长、司令员，国防科工委司令部副参谋长等职。

在中国雄鸡版图的西部，有一个神圣又神秘，又令人神往的地方——马兰。

"有一个地方名叫马兰，你要寻找它，请西出阳关，丹心照大漠，血汗写艰难，放着那银星，舞起那长剑，擎起了艳阳高照晴朗的天……"

这首《马兰谣》记录的就是被誉为"共和国原子城"的戈壁绿洲马兰的故事。马兰原是一种生命力顽强的野草，能在最贫瘠的土地上绚烂绽放；马兰基地是一座数十年不为人所知的隐秘所在，却爆响了震撼世界的惊雷。从1964年第一颗原子弹爆炸成功，到1996年中国进行最后一次核试验，30多年的时间里，曾经在这片戈壁滩里参加核试验的基地官兵和技术人员不下10万人。在这些人中，有像钱学森、邓稼先那样荣誉等身的人，他们用自己的智慧、气魄在史书上留下了浓墨重彩的一笔，也促成了"两弹一星"惊天伟业的完成。但是，正如邓稼先所说："核武器事业是成千上万人的努力才能取得成功的，我只不过做了一小部分应该做的工作，只能作为一个代表而已。"伟大事业的背后，总有无数人的心血汗水和无私付出，而大多数"幕后英雄"则是随着时间流逝，成为在泛黄史册中，那串庞大数字里的一员。但是，没有这串"数字"的奉献，也就不会有这项工作的顺利完成。在核试验的工作团队中，有很多被我们遗忘了的"数字"，他们虽"无名无姓"，却做着关系国家命运的大事。艰苦奋斗，干惊天动地事；无私奉献，做隐姓埋名人。

1965年，24岁的马国惠从军事工程学院毕业后，便和许多同学一起被分配到了边疆的核试验基地工作。这些风华正茂的学生，还未经历过太多风浪，就从象牙塔到了戈壁滩，从学校课堂到了核试验现场，没

马兰基地

有一丝犹豫，没有一丝抱怨，这不仅是因为当兵的人要做到"一声令下，打起背包就出发"，更是因为那个激情燃烧的年代，每个人心中都充斥着报效祖国的赤子情怀。对于他们来说，条件的艰苦和物质的贫瘠不能阻碍坚强的意志，能够来到这片神圣而神秘的场地工作，是国家的信任，也是他们的荣耀。而马国惠的一生，便在那时，和马兰这个不显眼的小地方绑在了一起。

1964年10月16日，中国第一颗原子弹在马兰爆炸成功。而在被确定为核试验基地之前，这里并没有专门的名字，只是一片荒无人烟的戈壁滩。

其实，中国核试验基地最初的选址不是这片无名戈壁，而是早已闻名于世的敦煌。

但这个方案立马遭到了大家的反对，反对的主要原因有三点：一是敦煌莫高窟是老祖宗留下的中华瑰宝，核试验像地震一样，一下子就把老祖宗留下的宝贝给震没了，这可是负不起的大罪过。二是没有水源，松土层太厚，而核爆炸产生的烟尘太大，烟尘太大就会随风扩散，造成核沾染区。三是试验当量太小，只能试验2万吨TNT当量的原子弹，显然不能满足中国核事业发展的需要。于是，中央同意核试验基地重新选址，就定在罗布泊。

勘察小分队便从敦煌出发，经玉门关向西，向罗布泊疾驰而去。直到次年春天，疲惫的勘察队员们终于在干旱的罗布荒原发现了清冽的博斯腾湖。

激动的勘探队员立马起草了一份电报给中央，电报上写道："这里土地肥沃，能种菜、种粮，这里水源充足，水是甜的，还带有香味……"

最终，在巴音郭楞蒙古自治州境内，罗布泊西端的10万多平方公里被划定为中国唯一的原子靶场。巴音郭楞蒙古自治州面积47万平方公里，比英国还大，而核武器试验场的面积有10万多平方公里，相当于一个江苏省的大小。

马国惠说，之所以圈定10万多平方公里这么大的面积，和原子弹、氢弹的破坏半径有关，"300万吨氢弹的安全半径为150公里，这样算来就要有大约9万平方公里，所以10万多平方公里的军事禁区是完全必要的"。

作为原子靶场，这里堪称完美：地广人稀、远离城镇，有水源且不在地震带上。

基地位置确定的同时，生活区也获得了一个"诗意"的名字：马兰。

马兰之名，来自在这里旺盛生长的马兰草。部队选的生活点，原来是一片盐碱湖，一条天然水沟从中流过，两旁长满了马兰草。初夏时，基地领导在此规划蓝图，正值马兰花盛开，便有人提议，此地就命名为"马兰村"。

1959年6月13日，总参谋部正式通知：原子靶场改称核试验基地，这一天，就是马兰基地成立的日子。

那时的马兰基地，连一间像样的房子都没有，先期到达这里的指战员们，自己动手挖了地窖子作为临时的住宿和办公场所。马兰基地的第一次党委扩大会就在一个地窖子里召开。

当时，一窝小燕子正在地窖子的房梁上破壳出世。每一个来开会的人都会默契地把脚步放轻，把说话声音压低，生怕惊扰了燕子。

许多年后，当马兰人提起这段小插曲的时候，大家都说："大漠上有这些小生命，不易。"

那一天，中国核试验基地波澜壮阔的工程伟业，就在燕子的呢喃声里宣告诞生了。

基地建设初期，条件十分艰苦。科研人员、施工部队和后勤保障人员住在帐篷里或半地下的地窖子里，高低床、纸箱子、火炉子，几乎就是他们的全部"家具"。

居住条件简陋或许不算什么，但恶劣的气候环境却实在折磨人。夏天，大漠的地表温度高达60℃~70℃，参加核试验任务的指战员头顶烈日，在酷暑中一干就是一个夏天；冬天，零下20℃左右的低温，照样野外作业。晚上，住在不太保温的帐篷里，格外寒冷。特别是下半夜火炉熄灭后，很多人都会被冻醒。为了御寒，大家都把皮大衣垫在身子下面，把棉衣、绒衣全盖在身上，有的同志甚至戴着皮帽子睡觉。戈壁滩上时常刮大风，常常会把帐篷刮倒，为此，晚上睡觉时，有的同志就干脆用背包带连床带被褥都捆在身上。

基地的后勤保障也很困难，马兰基地从将军到士兵吃的食物都是从内地运过去的。由于新鲜食物无法保存，他们能吃到的蔬菜很少，肉、鱼、鸡等大部分都是冷冻食品或罐头，还有黄豆、粉条、海带等。平时的食堂饭菜也很简单，基本上是土豆、白菜、萝卜"老三样"。

但是，再艰苦的条件也压不垮这群心怀祖国的赤子。

1966年，马国惠还是一名年轻的技术人员，在研究所二室完成了光冲量的测量之后，便被临时抽调到氢弹试验的激光测速项目中——用氢氖激光器测量弹体膨胀的速度。

戈壁滩上，白天背景光太强，负责光路系统调试的马国惠和同事只能晚上进行。当大家下班休息的时候，马国惠才开始正式工作，每次爬上铁塔至少需要待10多个小时，最长一次在塔上待了20多个小时，他们便带一壶水，带点干粮，在上面吃，也在上面睡。100多米高的铁塔，塔顶是爆室，刮风时咯咯响，晃晃悠悠如同摇篮，他们只好在"摇篮"中待命，一旦风停，马上工作。

爆室旁边有一个窗口，每次测试的时候，都会有激光从500米外打过来，马国惠和另一名同事在窗口一边站一个，看激光的红斑，用电话和工号联系，看信号对不对，最后要确定对到窗口上，要瞄得很准才行，难度相当大。

一天夜里他又像往常一样准备调光路、安透镜，可由于事先没有协调好，爆室的窗户被工作人员给关上了，不打开窗子便无法瞄准，工作便无法开展。可爆室的窗户从内部是无法打开的。于是，他把手电绑在身上，在没有任何安全措施的情况下，冒着大风，在100多米高的铁塔顶部，顺着外面的脚手架又爬了两米多高，把挡住视线的窗子给拽了开来。

在冬天，试验场区的平均气温在零下20多摄氏度，铁塔上的爆室更加寒冷。可有时候做环境试验，又会导致爆室内的温度急剧升高，最高可达到50摄氏度，又无处躲避，马国惠和同事们就在这样的工作环境下一丝不苟地完成着各自的任务。

氢弹爆炸的前一晚，马国惠和同事们为了确保试验的顺利进行，在百米高的铁塔上坚守了20多个日夜。他们面对着狂风和寒冷，却依然坚守在岗位上，只为了试验的成功。

就在试验的前一晚，马国惠已经连续十几个小时没有合眼了。等到一切就绪，距离插雷管、正式开始试验工作只差几小时。他疲惫不堪，但是他没有丝毫的松懈。他知道，只有他能够确保试验的成功。他坚守在铁塔上，等待着那一刻的到来。当风终于停了下来，马国惠和同事们立刻开始了工作。他们插上雷管，开始试验。一切都在掌控之中，直到最后一步——睡觉。

又困又累的马国惠顾不得有什么危险，他需要休息，只想在上面好好睡一觉，他发现放置氢弹部分的圆台突出一些，正好当枕头。于是，他枕着平台，头顶氢弹，在恒温的铁塔爆室中很快进入梦乡。由此也获得了一个称号："枕着氢弹睡觉的人"。

他的这一觉睡了多久？没有人知道。但是，我们知道的是，在他睡觉的时候，氢弹在头顶上静静地放着，像是一个守护者，守护着我们的和平。

那时，在铁塔上下，和马国惠同一届的同学就有20多人，在学校时各个专业还互相保密，在这里大家见面了：大家在做自己的任务时，都默契地背过身去，等各自的任务完成后，大家一起坐吊篮从塔上下来。

马国惠回忆说：工作条件的艰苦还能够忍受，对于大部分人来说，与世隔绝的孤独才是更大的痛苦。很多年轻人被派往基地后，与恋人长时间无法见面，由于保密要求也无法通信，最终只得无奈分手。这些人中有的直到退休后才找到伴侣，有的甚至一辈子都没有结婚。而已经结了婚的人，大部分也都是两地分居，常年不能见面。很多人，妻子分娩时不能在身边，子女也无法照顾；很多人，不能尽孝父母，甚至不能送终。有的夫妻二人工作都忙，子女的教育也被耽误了。参与核试验工作的人大部分都是优秀的高才生，但他们中很多人的儿女连大学都没有考上，工作也十分平平。

有一副对联写这群无名英雄："举杯邀月，恕儿郎无亲无义无孝；献身国防，为祖国尽职尽责尽忠。"除了马国惠之外，还有很多在基地工作过的人，在"隐姓埋名"干了一件"惊天动地的大事"后，又继续成为不被人知晓的人物，过着平凡的生活。今天的马兰基地早已停止了核试验，但曾经在这片土地上奋斗过的人们，不论今天身在何方，抑或已经离世，这片土地都不曾忘记他们的名字。

为第一颗人造卫星奔走呼号[①]

赵九章（1907年10月15日—1968年10月26日），浙江吴兴人。气象学家、空间物理学家，中国科学院院士。1933年毕业于清华大学物理系。1935年赴德国攻读气象学专业，获博士学位。1938年回国。他毕生致力于大气、地球及空间科学的教育和研究，取得重要成果，推动了我国动力气象、大气环流、数值天气预报、空间科学技术、大气物理和海洋物理等多学科的发展。1985年获国家科技进步奖特等奖，1999年中共中央、国务院、中央军委追授他"两弹一星功勋奖章"。

中国第一颗人造地球卫星"东方红一号"的太空遨游震惊了全世界，但极少有人知道，作为这颗卫星的总设计师，赵九章是怎样为这颗卫星奔走呼号，又是怎样殚精竭虑直至魂魄双舍，即使他没能够亲自

---

① 本篇内容主要参考《赵九章传》编写组著《赵九章传》，科学出版社2020年。

看到我国第一颗人造卫星上天，但那呼啸着划破酒泉基地清冷夜空的"长征一号"火箭，已分明带着赵九章毕生的夙愿，一飞冲天，永载史册。

1921年秋天，由于家道中落，勤奋好学的赵九章被迫辍学。为了糊口，父母把他送到一家小交易所当店员。胸怀大志的赵九章没有就此沉寂，他干完一天的活后，不顾劳累，点上煤油灯，一直读书到深夜。他特别喜欢自然科学方面的书，每当得到这类书时，他都如获至宝，能一口气读到东方破晓。有一天半夜，赵九章正在专心致志地读书，被老板娘发现，为了那点灯油，她把赵九章一顿训斥。赵九章并没有因为这件事心灰意冷，为了读书不被老板娘发现，晚上他用竹篾和废纸糊了一个上尖下圆的厚厚的灯罩，只在一侧开了一个黄豆大小的孔透出一丝光。即便这样，深夜读书的事还是被老板娘发现了，她撕了灯罩，并罚赵九章一个月不准吃晚饭。为了继续学习，赵九章把书上的公式、定律等按顺序剪下来，放在衣袋里，一有时间，就掏出一张看上两眼。就这样，赵九章只用了半年多就学完了一本中学物理教材。

1922年9月，赵九章以第一名的成绩考入河南留学欧美预备学校，再以突出成绩考入浙江大学工学部，然后以高分考入清华大学物理系。1933年从清华大学物理系毕业后，他赴德国深造，攻读气象学专业，师从国际著名气象学家菲克尔。

1957年，是人类历史上光辉的一年，在这一年的10月4日，苏联第一颗人造地球卫星腾空而起，冲破了大气层的遮拦，进入了浩瀚的宇宙空间，全世界无不为之震惊、为之兴奋。但是，"空间时代"对人类意味着什么，究竟会给人类生活带来什么样的变化，在当时人们对此并不十分清楚，只有少数科学家和战略家意识到它的深远意义。赵九章以其渊博的知识和敏锐的洞察力，意识到卫星上天将对宇宙空间研究、气象学、经济和国防建设以及人们的生活方式都会产生重大影响。赵九章的血液像黄河一样奔腾起来，他开始写文章、作报告，在各种场合发表讲话，阐述人造卫星的重要性和深远意义。

1958年5月17日，毛泽东在中共中央八大二次会议上指出："我们也要搞人造卫星。"在当时我国国力不强的情况下，做出这样重大的决策，充分体现了领袖和中国人民的伟大气魄和信心，为全面开展我国的卫星事业创造了最有利的条件。中共八大二次会议后，聂荣臻副总理责成中科院张劲夫和国防部五院王诤制订独立的空间技术体系规划。同年7月，国防部五院和中科院进一步讨论了分工。8月，张劲夫召集钱学森、赵九章等专家拟订我国人造卫星发展规划设想草案，为了落实这一工作，成立了中国科学院"581"组，由钱学森任组长，赵九章任副组长。"581"组专门负责研究我国的人造卫星问题，并把这一任务的代号定为"581任务"。当时中科院计划分三步走，第一步发射探空火箭，第二步发射小卫星，第三步发射大卫星。

同年10月，赵九章率代表团去苏联访问。访问期间的费用由苏方负责，每天还按规定给每位专家发津贴。苏方招待还是很热情的，什么好吃的都请吃了，什么好看的戏都请看了，就是代表团想参观的有关卫星的内容，因事关机密，苏方每事都要向上级请示，有些项目很难得到同意。赵九章、卫一清表现了足够的耐心，许多时间都在等待。

有一天，代表团被带到一个院子里，开来一辆卡车，车斗里是一台仪器，用布盖着。掀开盖布，里面是一个形似探空火箭的箭头，上面有一些探测仪器。苏方介绍说这就是进入轨道的卫星。赵九章等人绕着卡车看了一阵，提出能否打开外壳看看里面的布置，却没能得到同意。尽管如此，这已算是一次重要的参观了。代表团在莫斯科还参观了苏联公开展出的工业科技展览，代表团成员对苏联的先进工业和科技还是开了眼界。

回国以后，对这次为期70多天的访问，赵九章与代表团成员认真做了总结思考，认为除科技方面有所收获外，最大的收获是对比了苏联和我国的情况，进行了冷静的分析。他们深深地认识到发射人造卫星应立足国内，走自力更生的道路，靠外援是不可能的。要靠自己国家强大的工业基础和较高的科技水平。赵九章说道："虽然美国、苏联发射了多颗卫星，但这不是中国的。重要的探测资料和数据一定是保密的，这些资料对于空间科学的研究是不可缺少的。因此，我们一定要有自己的卫星，自己的探测手段和资料，只有掌握第一手的材料才能走到空间科学的最前沿。"此后便是数年的扎实预研。

1964年底，赵九章结合六七年来卫星预研工作的基础，给周恩来总理写了一封信，建议将发射卫星正式列入国家计划。这封信受到了周总理的重视。中科院国家空间科学中心研究员潘厚任对那段经历记忆犹新。

赵九章写给周总理的信

"1965 年 4 月 22 日，我正在厂里半工半研，突然接到电话，赵所长要我当晚到他家去。我蹬上自行车，赶紧就去了。"落座后，赵九章激动地说："周总理已指示要提出设想规划，我们从 1958 年开始一直在做准备，盼着这一天早日到来，现在终于来到了。"

很快，中科院组织起最强阵容，开始进行深入细致研究。1965 年 4 月 22 日，赵九章找数学所副所长关肇直商量一件非常重要的事情——卫星轨道问题。赵九章认为，卫星工程要上马，首先要把卫星运行的规律搞清楚，我国卫星的轨道设计、计算，这关系到测轨定轨手段，地面跟踪台站布局等重大问题，中国科学院要先走一步。赵九章希望数学所能将这一工作承担起来。这次谈话后不久就组织了数学所、紫金山天文台有关人员组成的"651"任务组，专攻卫星轨道计算问题。

同年 10 月，我国第一颗人造卫星研制的方案论证会召开，代号"651 会议"。赵九章在这里忙碌了40 多天，白天参加大会、小组会，晚上和钱骥、潘厚任等在房间里一起整理会上提出的技术问题，并计算有关数据，连续紧张的工作使赵九章的心脏负担加重，他常感心绞痛，只能吃点药缓解一下。每晚劳累到深夜，习惯性地吃几片安眠药，才能入睡。潘厚任回忆道：

◇ "651"

为了保密，中国科学院给这项任务起了个代号，考虑到周总理对赵九章信的批示时间为 1965 年 1 月，中科院将此任务作为 1965 年第 1 号任务，故代号定为"651"。

"会议一共开了42天，是我一生中参加过的最长的一次会议。他们白天开会，晚上计算，其间周总理还邀请参会代表在人民大会堂观看文艺节目。经过集思广益，会议用4个方案、15万字的专题材料，勾画出这颗承载中国人梦想的人造卫星的雏形——1米直径近球形72面体，播放《东方红》乐曲，1970年发射，它的名字叫作'东方红一号'。"

这次会议意义重大。会议进行了深入细致的论证，最后产生了总体方案、本体方案、运载工具方案和地面观测系统方案等4个文件稿，还组织编写了27个专题材料，共约15万字。这些方案和专题材料把发射人造卫星的复杂技术问题，作了比较系统的阐明，提出了一批关键性技术问题，说明了我们的有利条件和主要困难以及一些薄弱环节。

接着便是攻坚克难的研制。此后，赵九章受命担任院长。那时，赵九章每天一大早就兴致勃勃地出门去上班，总是弄到很晚才回家，又常常伏案工作到深夜。他女儿回忆，那时她无论何时醒来，父亲房间里的灯总是亮的。不料，一场飞来浩劫改变了赵九章的人生，仅仅相差18个月，"靠边站"的他没能等到"和原子弹一样重要的事"变成现实的那一天。亲身参与我国卫星研制工作的中科院院士王大琦多次在会议上说："当年赵九章主持制定的我国第一颗卫星的研制方案计划和卫星系列规划设想既符合科学又切合实际，以后相当一段时期我们基本上是按照当初的计划设想进行的。"这些都体现了赵九章和他的同事们的真才实学和远见卓识。

潘厚任还记得赵九章生命的最后时光。那是在原中科院地球物理研究所小楼的门堂里，大木箱当桌，小木箱当凳，赵九章佝偻着身子写"检查"。"年轻人自行车轮胎破了，在门口修理，他也过去看看。看得出他很想帮忙，但形势所迫，他无法多言。"那呼啸着划破酒泉基地清冷夜空的"长征一号"火箭，已分明带着赵九章毕生的夙愿，一飞冲天，永载史册。

许多年后，对赵九章的肯定与告慰高调而至：

——1997年，在王淦昌等44位著名科学家的联名倡导下，赵九章铜像铸造完成！

——1999年9月18日，赵九章被追授"两弹一星功勋奖章"！

——2007年10月29日，编号为"7811"的小行星被命名为"赵九章星"！

——2008年，中国科学院空间中心的科研新楼"九章大厦"傲然问世！

情景宣讲课片段
《为了祖国"我愿
意"》

一生说了三次"我愿意"

　　王承书（1912年6月26日—1994年6月18日），出生于上海，祖籍湖北武昌，博士研究生毕业于美国密歇根州立大学，核物理学家，曾任中国科学院近代物理研究所研究员，第二机械工业部原子能研究所研究员及605所副所长。中国科学院学部委员。1934年毕业于燕京大学物理系。早期从事气体动力学理论研究。1951年，王承书和老师乌伦贝克创建了以他们姓氏命名的"WCU（王承书—乌伦贝克）方程"。1958年在中国开创了受控核聚变反应和等离子体物理的研究并为其发展打下基础。1961年后改做铀同位素分离工作。解决了净化级联计算、级联的定态和动态计算等重大课题，为中国第一座铀浓缩气体扩散工厂分批启动作出重要贡献。受钱三强三次邀约参加中国第一颗原子弹研制工作。

　　据说，大多数人面临以下这个任务时，深思熟虑后也会选择婉拒……国家决定交给你一项任务，具体做什么高度保密，极大可能在数十年间也回不了几次家，你会错过孩子的成长，父母年老时无法在他们身边尽孝。工资待遇不会很好，极大可能要放弃优渥生活，去到很远的地方，生活条件会很艰苦。如果你已经在自己的专业领域有所成就，由于工作性质极其隐秘与特殊，也需要你摘下自己已取得的一切光环，做好隐姓埋名、坐冷板凳的准备。而这一切，能肯定告诉你的唯有：国家确实需要你。你愿意接受这项任务吗？而且，就算作了再大的贡献，你的名字、你的成就在数十年内也不会被世人知晓，你能接受吗？

这在今天看来，近乎苛刻甚至有点疯狂的"国家任务"，在当年得到的回应，是她的三个字——"我愿意"。做出该选择的人叫王承书，她是参与研制中国第一颗原子弹为数不多的女性之一，是中国铀同位素分离事业的理论奠基人，是"不可多得的人才"。

第一次"我愿意"

1939年，王承书与同校物理系教授张文裕结为夫妻。战乱中，她随丈夫南下到了西南联大。期间得知美国密歇根大学设立了一笔奖学金，专门提供给亚洲有志留学的女青年，但已婚妇女不能申请，不服气的王承书立即去信，坦陈了自己的情况，也表明了决心，"女子能否干事业，绝不能靠婚配与否来裁定"，最终被破格录取。

她去得坚决，在美国的生活也苦得够呛：遭遇过歧视，面临过拮据，却从未弯过脊梁、落下过学问。博士论文答辩时，王承

王承书的笔记

书提出了一个新观点，导师认为不对，连说三次"No"。王承书对自己的研究和思考有信心，也镇定地连答了三次"Yes"，接着做了详细的阐述，最终得到导师赞同。她与导师、物理学权威乌伦贝克，还共同提出了一个轰动世界的观点，即以两人名字命名的"王承书—乌伦贝克方程"，这个对高空物理学和气体动力学极有价值的公式，至今仍在使用。

新中国的诞生，强烈地激起了王承书报效祖国的赤子之心，"虽然中国穷，进行科研的条件差，但我不能等到别人把条件创造好，我要亲自加入创造条件、铺平道路的行列中。我的事业在中国。"

回国后，王承书在笔记中写下：1956年10月6日是我难忘的一天，在离别了15年的祖国国境上，第一次看到五星红旗在空中飘扬，心里说不出的兴奋，我要为国家作贡献，国家需要什么，我就干什么。

1958年，我国筹备建设热核聚变研究室，组织希望调王承书去挂帅。聚变能被认为是人类最理想的清洁能源，也称"人造太阳"。这个领域当时在国内还是一片空白，也是她从未接触过的陌生领域，对46岁专业已经定型的王承书而言，是一个充满风险的巨大考验。如果接受这项任务就意味着她要和8岁的儿子分开生活，只有周末能见到儿子。对于一位母亲来说，肯定会有不舍。可是当钱三强邀请时，王承书毫不犹豫地说出了"我愿意"。

从此，她开始长达20多年的集体生活，一日三餐吃在食堂，睡在集体宿舍，每天工作10多个小时，利用一切可以利用的时间。1959年，王承书带领一些同志到苏联学习，学习结束，在坐火车回国七天七夜的路途中，她翻译了《雪伍德方案——美国在控制聚变方面的工作规划》。不久之后，她又翻译了《热核研究导论》等著作。这些著作全面介绍了核聚变方面的基础理论、方法和现状，对我国受控核聚变研究的起步起到了推动作用。经过2年的努力，王承书带领着一支理论队伍，

王承书与科研人员讨论问题

填补了我国在热核聚变理论方面的空白，为我国受控热核聚变和等离子体研究奠定了坚实的基础。

第二次"我愿意"

正当王承书准备在热核聚变领域进行更深层次的研究时，一个突然的情况，让她的研究进度再次"归零"，而且她从此从国际物理学领域彻底"消失"了。当时，我国浓缩铀生产陷入困境。

高浓铀有多重要？如果将原子弹赋予生命，高浓铀就是其体内流动的血液。这是决定我国第一颗原子弹能否成功的关键。面对这种形势，1961年3月，钱三强再次找到王承书严肃且诚恳地对她说："承书同志，有件事想征求一下你的意见。你应该也知道苏联撤走所有专家和重要设备的事情，原子弹的研制如今陷入僵局，你愿不愿意去搞气体扩散，弄高浓铀呢？"王承书对高浓铀有一些了解，气体扩散就是将天然矿石中的"铀-235"提取出来，并浓缩成为高浓度的铀。

王承书没有任何迟疑，坚定地说："我愿意，只要国家有需要，我都愿意。"钱三强没有想到她回答得那么干脆，接着说道："我知道你在气体动力领域和高空物理领域有成就，你回国后，已从零开始研究热核聚变，现在在理论方面已经有所建树，如果你这次去从事气体扩散，那就是再度改行了。"

"那我就从零开始吧，总归是有人要改行去研制高浓铀的，为什么就不能是我呢？"王承书回答道。钱三强再次确认："搞气体扩散你要隐姓埋名一辈子，还要放弃你之前的所有成就，做一个默默无闻的科研人员。你要不要再考虑一下？"

王承书坚定回答："我已经想好了，我愿意隐姓埋名，做一个默默无闻的科研人员，只要能为国家建设作贡献，我当然愿意。"自从和钱老会面后，王承书就像人间蒸发一般。大家再也没有看到王承书发表任何论文，也没有看到她在公众场合抛头露面，她的老朋友都不清楚王承书去哪里了。她也没有和家人交代太多，只说："国家需要我一切保密。"

铀矿石中铀-235的含量只有0.7%，必须通过几千台机器的不断浓缩，才能得到满足使用需求的原子弹装料。王承书常年住在504厂的宿舍，每天过着宿舍、食堂、科研室三点一线的生活。因为缺乏相关资料，王承书只能从头开始，她找来其他人跟苏联专家学习的3本笔记，不断地学习和计算，认真翻阅手上一切可以利用的资料，没日没夜研究。因为高强度用脑，她的头发很快就花白了。如果她的家人这时候看到她，也会认不出。

当时扩散厂的主工艺车间，虽说还没有到达废铜烂铁的地步，但也只是一些不成阵势的"散兵游勇"，如何使这些设备一级一级联系启动，如何供料，取得合格的产品，需要进行大量复杂的计算。那时，我国仅有一台 15 万次电子计算机刚刚启用。为检验结果的准确度,王承书坚持用手边的机械计算机做必要的验证。瘦弱的王承书一个手指力量不足,只得将右手中指压在食指上,一下一下地敲打按键,得到数据马上记录在笔记本上。如此枯燥的工作,她同两位同事干了一年多,仅有用的数据就装满了 3 个抽屉,电子计算机算出的 10 箱纸条,她都一一过目。通过努力,王承书和团队最终为第一颗原子弹提供了高浓度装料,比原设计方案的时间提前了 113 天。9 个月后,戈壁滩上传来了原子弹的爆炸声。半个甲子的时间,她脱下钟爱的长裙,换上粗布衣服;离开幼子和爱人,奔波于办公室和戈壁之间;没有在学术刊物上发表过论文,连审校学生的著作也不署名。王承书对待工作一丝不苟,十分上心,但她对自己的生活,却没有那么上心。504 厂的房间很简陋,除了几个柜子,就只有一张床。这几十年来,王承书没有买过一件新大衣、新鞋子。身上的衣服虽然有些补丁,可十分干净整洁,生活过得十分简朴。王承书从第一次交党费开始,就把每个月 70% 的薪水作为党费上交。很多人都劝她留点,王承书总是固执地说:"我用不上那么多,交给国家就当做贡献。"王承书每次出差的补助费和其他奖励,都会捐给单位,让单位购买书籍、文具等,送给有需要的孩子。她非常重视教育,认为少年强则国强,教育是根本。

时任副总参谋长张爱萍曾经到铀浓缩厂做过一次调研,他问到有无把握按时生产出合格的产品时,把目光投向了王承书。王承书坚定地回答:可以。张爱萍又问,有什么依据。王承书回答:我们在原子能研究所做的理论计算和实验证明,能保证按时出合格产品。她说:在我的承诺中,除了对孩子的承诺不能兑现外,其他的都能兑现。

第三次 "我愿意"

在王承书及同事提前完成给我国第一颗原子弹的装料任务后,上级领导给予了高度评价，王承书只说了一句话：这都是大家的功劳。1964年4月12日，邓小平和彭真到铀浓缩厂视察，在陪同人员中，邓小平一眼就认出了王承书。他说："我见过你嘛！1959年你胸戴大红花，参加了全国群英会。从此你隐姓埋名，不知去向了，连你的先生张文裕也找不到你了。"

中国第一颗原子弹爆炸成功后，钱三强向她发出第三次邀请，希望她继续隐姓埋名从事核事业研究。王承书再次坚定地回答："我愿意。"钱三强问她："有什么困难吗？""没有。""有什么话要带给先生和孩子？""也没有。""那你愿意继续在这工作吗？""我愿意。"这一句"我愿意"的注脚，是王承书此后三十年如一日的坚守：耐得住寂寞，守得住初心，干得出勋绩。

王承书在国家百废待兴的"冬天"回归，燃烧自己的生命与才华，又在"春天"到来时隐去，悄然守护祖国的核事业，直至落英作春泥，以她的精神继续滋养和鼓励一代又一代人自力更生，艰苦奋斗。

生命最后的冲锋

林俊德（1938年3月13日—2012年5月31日），福建永春人，爆炸力学工程技术专家，少将军衔，中国工程院院士，总装备部某试验训练基地研究员。1960年从浙江大学毕业，分配到国防科学技术委员会下属研究所工作，专业是机械制造，单位派他到哈尔滨军事工程学院进修两年；1963年5月接受了研制测量核爆炸冲击波压力自记仪的任务，并担任组长；1978年担任总装备部某基地研究所力学研究室副主任；1981年担任总装备部某基地研究所力学研究室主任；1987年出席全军建军60周年英模代表大会；1989年担任总装备部某基地研究所科技委副主任；1990年担任总装备部某基地科技委副主任；1993年晋升为少将军衔；1999年应邀出席为表彰研制"两弹一星"作出突出贡献的科技专家大会；2001年当选为中国工程院院士。

45次，是新中国进行核试验的总数。一位普通的科研人员若是能够参与一次核试验都是莫大的荣誉，但是却有这么一位科研工作者，参与了新中国全部45次的核试验工作。他把自己半生都奉献给了中国核事业，默默扎根西北罗布泊52年，生命的最后一刻，他仍继续坚持在自己的工作岗位上，他就是林俊德。

1964年10月16日，我国进行第一颗原子弹爆炸试验时，林俊德及其项目组自主研制的罐头盒大小的钟表式压力自动记录仪，第一时间准确测得了核爆炸的冲击波参数，立下大功。正是这些数据判断了我国首颗原子弹爆炸成功。谁能想到，发挥了这般重要作用的仪器，竟是林俊德在技术资料和实验设备极度匮乏的情况下，从钟表构造中汲取设计灵感，就地取材，用自行车打气筒、戈壁滩上的硬木等"土设备"制成的。

当时，国家经济基础十分薄弱，工业和技术条件非常落后，人民生活也很艰苦。林俊德他们在核试验场区住的是帐篷、地窖，喝的是上百公里外拉来的又苦又涩的水。可他并不觉得苦，因为这些苦对他来说都不算苦，真正让他苦恼的是测量核爆炸冲击波仪器的研制，这个仪器是速报核武器爆炸当量、确定力学破坏效应的重要手段，我国的第一颗原子弹爆炸需要这个仪器。因为这种仪器的使用环境恶劣，所以研制难度很大，动力问题是研制这个仪器最大的"拦路虎"，国外早就攻克了这个难题，而中国还处于摸索期。我们不能总依靠外国人，靠花钱买，永远都会受制于人。林俊德坚信，只要迷进去，开了窍，没有解决不了的难题。外国人能搞，我们也一样可以搞，而且一定比他们做得还要好。

他真的迷进去了，整日苦思冥想，连走路、吃饭都在思考。有时候他实在是太投入了，别人叫他，他也听不到，完全沉浸在自己的世界里。一天清晨，天还没亮，他就已经从通县出发了，要去中关村图书馆查阅资料。在车上，他正在思考着自动记录仪的研制方案，突然，"当"的一声打断了他的思绪，把他吓了一跳，紧接着又传来了几声。林俊德顺着声音的方向看去，才发现原来是电报大楼顶端的圆钟正在整点报时，灵感说来就来，既然发条是钟表的动力来源，那我们的压力自动记录

林俊德（左一）在试验现场

仪是不是也可以用钟表发条作动力呢？想到这，他突然像孩子一样哈哈大笑了起来，好像忘了自己在车上，身边的人纷纷向他投去了异样的眼光。

想法有了，干劲儿更足了。反复实验后，他最终选择了闹钟响铃结构，设计出钟表式压力自动记录仪器。眼下，动力的问题是解决了，另外一个难题又来了。原子弹爆炸会产生巨大的冲击波，冲击波形要记录下来，靠什么介质去记录呢？林俊德试了10多种材料，都达不到要求。最后还是在戈壁滩上找到了一种硬木头，用火烧炭化之后才解决了问题……经过一年半的艰难摸索，难题一个个被攻克，他们研制出的就是那个像罐头盒大小的仪器。就靠这个看似普通的仪器，人们才拿到了可靠完整的数据。林俊德用简单的方法解决了复杂的问题，"林氏罐头盒"一战成名，在以后的核试验中发挥了关键作用。

原子弹有了，研制氢弹的脚步也要跟上。我国在1966年底开展了首次氢弹原理性试验。但是这次试验是在高空，要实现冲击波测量，需要把仪器送入高空中。爆炸时，它必须处在合适的位置上，爆炸后它还要落到预定区域，找人把它找出来再带回去。高空温度低，仪器要在零下60摄氏度的环境中工作，还要能承受住落地撞击，之前的"罐头盒"显然已经不适用了。去哪里寻找低温实验环境呢？留给他们的时间已经不多了，没有条件，自己也要创造条件。

林俊德带领他的团队背着仪器爬上了海拔将近3000米的山顶，在上面开展试验。高处不胜寒，这句话说得一点都不假。寒风呼呼地刮着，像只怒吼的狮子，吹在人的脸上有种针扎的感觉，哪怕穿得再多，在外面待久了依旧会被冻得瑟瑟发抖，每个人的脸和耳朵都像鸡冠子一样红彤彤的。可是一看温度表才只有零下20多摄氏度，也达不到测试条件，他们希望温度还能再低一点。可实验结果并没有如他们所愿，他们失落地下了山，继续寻找新的办法。几十个日日夜夜，他们设计、加工、试验、改进、再试验、再改进……我们都知道，外国有个爱迪生，做了无数次实验，终于发明出电灯。而中国有个林俊德，做了无数次试验，终于创造性地借助高空气球放飞试验成功研制出了高空压力自记仪，赶在氢弹试验前解决了仪器的问题，核试验的爆炸数据采集得到了保证。

从原子弹到氢弹、从大气层核试验到地下核试验，林俊德全部都参与了，他始终瞄准最前沿、最难啃的课题攻坚克难。连同事们都说，林俊德的科研人生就像激光一样，方向性强，始终盯着一个领域；能量集中，永远聚焦瓶颈问题；单色性好，能够排除各种干扰。

时间到了20世纪80年代后期，林俊德年近半百，他对待每一项研究、每一个项目，依然甘当拼命三郎，"事必躬亲"这个词在他的身上发挥到了极致。

1997年，当林俊德从基地总工程师岗位上退下来后，本该安享晚年的他，不但没有停下前进的步伐，反而更加忘我地战斗在科研试验第一线。他担纲10多项重大国防科研尖端课题研究，一年中有近300天都是在大漠戈壁、试验场区度过。多亏了他及时发起核试验地震核查技术研究，才能让我国在国际禁核试核查中有了发言权。

2012年初，在林俊德向基地司令员汇报工作时，司令员发现他脸色不好，便坚持让他去做全身体检。就在这次体检过程中，林俊德被查出胆管癌晚期。这个消息对林俊德的妻子黄建琴来说宛如晴天霹雳，但林俊德却反过来安慰妻子："我们自己的痛苦自己担待吧，不要把病情告诉别人，别给大家添麻烦。"医生建议林俊德手术和化疗，但林俊德却担心耽误工作，婉言谢绝。为了能离试验基地近一些，他从北京转院至西安。他对主治医生说："我是搞科学的，最相信科学。你们告诉我还有多少时间，我好安排工作。"

在第四军医大学唐都医院，林俊德和病魔赛跑，抓紧生命的最后时光，为国防重大科研项目尽最后的努力。住院期间，林俊德一次次拒绝了儿子林海晨的探望请求，直到去世的前两天，他才允许儿子来到自己的病房。林海晨回忆道："当时，父亲不让任何人来看望。他的感觉就是'我的时间已经不多了，让我把时间用在刀刃上、用在最重要的事情上'。"

2012年5月24日上午9时，当医生拿出连夜研究的治疗方案与他商讨时，他一听要做手术和化疗，立刻回绝了，他说："我之所以没有在北京做，就是担心术后会影响工作。"医生对他说："如果手术，可能会延长一些生命。不手术的话，癌细胞会很快扩散，随时会有生命危险。"相信绝大多数人在听到可以延长生命的时候，一定会立刻同意医生的建议。可是他却十分平静地说："如果不能工作，多活几天又有什么意义？我现在最需要的是有足够的时间，好完成手头的工作。"在场的人听后，久久无语。医生只能采取保守治疗，尽全力缓解疼痛，提供营养，延长他的生命。

5月25日，林俊德除了进行检查治疗，大部分时间都在电脑面前工作，翻看记录本，多次打电话交代事情、召集课题组成员开会研究工作，还完成了学生8万多字论文的修改，写了评阅意见，病房成了他的会议室、办公室。很多亲朋好友想来探望，都被他一一拒绝。已经来了的，他对他们说看望一分钟就够了。他满脑子想的全是工作，因为他知道自己没有多少时间了。看着他如此不顾病情、忘我工作，医护人员们提醒他要多休息，他却笑着说："没事，我不感到累，这些年都是这么过来的。"

5月26日下午3时20分，林俊德的病情突然恶化，出现消化道大面积出血，被紧急送进重症监护室。经过一天的紧张救治，他的病情暂时得以控制。这时，林俊德却急切地提出："这里没有电脑，探望时间又有限，我没法工作，请把我转回普通病房。"考虑到他的脉搏、血压、心率等参数明显异常，医生坚决不同意。他心里着急，就让老伴找基地出面协调，基地领导出于对他病情的考虑，也劝他多观察一段时间，他直截了当地说："这样待着，比死了还难受。我宁要有质量的一天，也不要没有质量的十天。"他在工作方面的倔劲儿，没人能拗得过。

5月29日上午，林俊德终于如愿以偿，转回普通病房。一位老中医朋友前来探望，林院士见面就问："用中医的办法治疗，能不能延长几

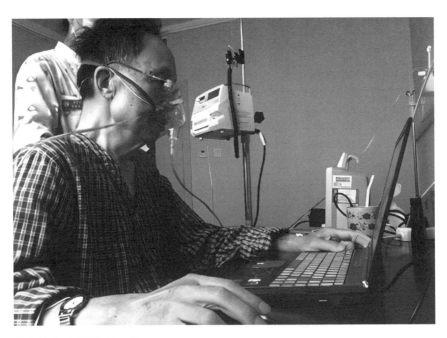

林俊德戴呼吸机坚持工作

天时间，好把手头工作再处理一下。"走出病房后，他的这位朋友泪流满面，不停地摇头说："我知道老林是个工作起来不要命的人，没想到这个时候还这么拼。"在生命最后的两天时间里，林俊德在电脑上整理了大量资料，三次打电话指导或询问科研工作，两次召集课题组成员，布置后续任务。

5月31日，林俊德病情再度恶化，此时他已经腹胀如鼓，心率快得接近正常人的两倍，生命进入倒计时。他多次请求医生，同意自己下床工作。家人实在不忍心他最后一个愿望都不被满足，他才又坐在了电脑前。上午10点，已经工作了两个多小时的他颤抖地对女儿说："C盘我做完了！"他的手颤得握不住鼠标，眼睛也渐渐看不清楚，他几次问女儿："我的眼镜在哪儿？"女儿说："眼镜戴着呢。"大家想让他休息，可他说："坐着休息。坐着比躺着好啊，我不能躺下，躺下了，就起不来了！"两个小时后，他再也支撑不住，在医护人员的搀扶下，回到了病床……这一躺下，林俊德就再也没能起来，一颗不知疲倦的心脏渐渐停止了跳动。生命的最后时刻，林俊德仍在反复嘱咐身边的学生，办公室里还有什么资料要整理，密码箱怎么打开，整理时要注意保密，却没给家人留下一句话。

从得知自己身患癌症的那天起，林俊德就在笔记本上写下他的临终清单：

1.计算机、保密柜清理

2.****技术（国家机密）

3.家人留言

4.（空）

5.马兰物品清理（宿舍、办公室）

　　可死神留给他的时间太少了，5 条提纲的内容没有完全填满，家人留言这一条完全是空白。

　　在临终前一天晚上，他使尽全身力气，对前来看望他的领导及学生、同事们说道："我这辈子只做了一件事，就是核试验，我很满意。一辈子支持我的就是诚恳，不侵害别人利益，对别人宽容，对自己严格。我本事有限，但是尽心尽力了。谢谢大家！"并且用虚弱的话语再三叮嘱："死后将我埋在马兰。"对于林俊德院士来说，马兰是他奋斗一生的地方，是他永远的"家"。

第三章

大力协同、勇于登攀

"大力协同、勇于登攀"充分体现了在中国共产党领导下社会主义制度"集中力量办大事"的优越性,是成就"两弹一星"事业的重要保证。"两弹一星"伟业是现代高科技和规模宏大的大科学大工程,需要动员全国的力量才能实现。在这一伟大历程中,全国各地区、各部门,成千上万的科学技术人员、工程技术人员、后勤保障人员,团结协作,群策群力,汇成了向现代科技高峰前进的浩浩荡荡的队伍,凝聚起了强大合力。实践表明,大力协同的合作精神和勇于登攀的创新精神,是"两弹一星"事业成功及国家战略高科技不断取得新突破的关键所在。

一块铀矿的中国之旅

　　1964年4月30日深夜，在404工厂的一间偏僻车间里，我躺在操作台上，静静注视着正在忙碌的技术工人原公浦，为避免核辐射，他穿着笨重的防护服，戴着口罩，还套上了双层乳胶皮手套，小心翼翼地对我进行切削。他全神贯注，用工厂机床车一刀，停下来量一下尺寸；然后进行第二刀，再停下来仔细测量；车完最后一刀，我看见他长长地松了一口气，几乎要瘫倒在地。结束车制之后，我变身为中国首枚原子弹核心部件——铀球，我感觉自己在黑暗的车间闪闪发光！

今天的中核404厂总部大楼

◇ 铀（U）

原子序数为92的元素，其元素符号是U，是自然界中能够找到的最重原生元素，呈银白色，具有硬度强、密度高、可延展、有放射性等特征。铀原子能发生裂变反应，释放大量能量从而可以应用于核武器制造。

这时，你们肯定要问我是谁？

我就是研制原子弹不可缺少的材料——<u>铀</u>，我还有多种形态，能进行好几次变身，每一次变身都意味着离成功研制原子弹又进一步。

这一切都要从我的最原始形态——铀矿石开始说起。

1954年，中国第一块铀矿石在广西钟山县被发现，这使毛主席下定了研制原子弹的决心。

1955年，地质部开始在全国各地展开铀矿地质勘探普查，中南309地质队航测人员在湖南郴县许家洞金银寨附近发现了大量的我。1958年5月31日，党中央批准建设湖南郴县铀矿（1964年改称711铀矿）。

铀矿开采是一项苦活。

一开始，我看见那些技术工人们有的挥锤，有的端筛，把一块块矿石放在石臼里砸烂研碎，筛出

湖南郴县铀矿矿区外景

粉末，接着加酸浸出，用漏斗过滤，用电炉烘干。后来，我经常看到几个年轻人拿着资料来矿区实地勘察，没过多久，这些工人就改变了工作方法，铀矿很快地离开了矿区，到了下一个站点——272厂。

位于湘江岸边的北部衡阳272厂，是中国第一座大型铀水冶纯化厂。在这里，技术工人们先通过水冶提纯，再高温煅烧，使铀矿的分子结构发生变化，变成了黑褐色粉末状的初级形态——二氧化铀。

下一站——504厂。

在此，我再次变身，成为符合原子弹制造标准的浓缩铀——"铀-235"。

科技人员说，此时的我已经可以应用到武器制造中了，但还需要深度精细加工。因此，我再次踏上变身之旅，到达了中国核工业最大的生产研发基地——404厂。404厂位于甘肃嘉峪关西，这里也被

衡阳铀水冶厂磨矿车间

◇ **504厂**

中国核工业504工厂位于甘肃省兰州市西郊，是我国第一座铀同位素分离工厂，是我国重要的核燃料生产基地，被称为"中国浓缩铀工业的摇篮"。

◇ **404厂**

中国核工业总公司404厂，简称404厂，位于甘肃嘉峪关以西100公里处，是根据国家发展需要，于1958年经中央专委批准建设的我国规模最大、体系最完整、集生产科研为一体的国家新型核工业基地，是我国核工业从无到有、从小到大的缩影和代表，为我国"两弹一星一艇"的研制、国防和核电事业的发展，为新时期我国国防建设及核能发展提供了强有力的支撑和保障。

铀水冶厂矿浆浓缩池

504厂主厂房鸟瞰

称为"中国核城"，全国各地的科研人员和技术工人
会聚于此。

在404工厂车间，我被铸成固体铀球，再通过
机床完成最后的切削。切削后的铀球的精确度、同
心室及尺寸等各项数据需要全部达到设计指标，才
能达到原子弹爆炸的具体要求，这极为考验技术工
人的手艺。

原公浦做到了，他沉着冷静地操作，精心地打
磨，12小时后，我成为符合标准的铀球。此时，我
已经"面目全非"，可以装备原子弹爆炸试验了。

接着，我被送往了位于青海金银滩的原子弹研
制基地——221厂，在这里，我倍感荣耀，因为我
正式成为原子弹的一部分。

1964年，第一枚原子弹在221厂二分厂完成总
装后，从位于二分厂以南0.5公里处"上星站"小心
启运，徐徐开向新疆罗布泊。

1964年10月16日15时，新疆罗布泊，中国第
一颗原子弹爆炸所释放的巨大火球和蘑菇云升上了
戈壁荒漠。随着这一声震惊世界的巨响，中国向世
界宣布：中国第一颗原子弹爆炸成功！

从湖南到甘肃，从甘肃到青海再到新疆罗布泊，
我乘坐火车，跨过黄河，抵达沙漠深处，游历了大
半个中国。数万人通力协作，从探测、开采，一步
步将我从固体、液体、金属加工成半球形的固体铀
球，这是第一代原子能科学家、核工作人员的心血，
更是国家力量的象征。

◇ **221厂**

221厂位于青
海省海北藏族自治
州州府西海镇，基
地始建于1958年。
这是我国第一个核
武器研制基地——
221基地，对外名
称为"青海省综合
机械厂"，掩护名
为"青海省第五建
筑工程公司"。

情景宣讲课片段
《一个被天才称
之为天才的人》

一通奇怪的电话

1965年11月的一天，身在北京的邓稼先接到一通奇怪的电话。

"我们几个人打了一次猎，打下了一只松鼠。"电话筒传出了奇怪的声音。

邓稼先似乎知道这句话的含义，立马问道："你们是不是美美吃了一顿野味？"

"不，现在还不能把它煮熟，要留下制作标本。但我们又新奇地发现，它身体结构特别，需要做进一步的解剖研究。可是……我们人手不够。"

"好，我立刻赶到你们那里。"邓稼先不假思索地回答了对方。

这一通奇怪的电话，就像电视剧里的"间谍行动"一样，全程使用暗语交流，听得人云里雾里，但电话两头的人却十分清楚暗语所表达的含义。而这段奇怪的对话也在向我们诉说着，中国第一颗氢弹研制过程中不平凡的100天。

给邓稼先打电话的是于敏，他以这种特殊的方式向邓稼先汇报氢弹研究工作进度，意思是"氢弹

◇ 暗语

1964年9月，张爱萍给周总理、贺龙和罗瑞卿写了保密会议的讨论报告，并附上了一个暗语对照表，用来向北京请示和汇报原子弹正式爆炸试验的各种状况，比如，将正式爆炸试验的原子弹（也就是实弹）称为"邱小姐"，将发射铁塔的密语称为"梳妆台"，将插雷管的密语称为"梳辫子"，将原子弹的装配称为"穿衣"，等等。

于敏和邓稼先在一起

的理论研究有了突破"，这意味着氢弹理论研究小组的努力终于有了结果。

1965年11月8日，邓稼先乘飞机抵达上海。

1965年9月，于敏带领蒙特卡洛小组和其他几十名科研人员赶赴中国科学院上海华东计算所做计算物理实验，计算氢弹原理的可行性。彼时，上海拥有当时我国自主设计、制造的五万次电子计算机。此次抵沪攻关，就是奔着这台计算机来的。

本以为一到研究所就可以用上计算机，可现实状况却不尽如人意。由于只有一台计算机，并且95%的时间要先保证原子弹设计的运算，想要使用的科研小组又很多，大家只能排队等候。

时间不等人，于敏只好带着小组成员熬夜推算。他们利用不多的使用时间，算盘、计算尺等工具轮

◇ **蒙特卡洛**

"蒙特卡洛计算法"于20世纪40年代由美国在"曼哈顿计划"中提出，也称为统计模拟方法，对于核武器研究来说是一种非常重要的数值计算方法。蒙特卡洛小组，组长吴翔，组员雷光耀、胡锦、张锁春、郑玉珍。

1965年九院理论部氢弹研制"百日会战"期间使用的J501电子管计算机

番上阵。一天、两天，一个星期、两个星期……他们不知疲倦地工作，不断地提出问题、解决问题，把工作逐渐引向胜利的彼岸。

国庆节后的一天，张锁春刚准备进入机房时，就听见机房里有人大叫："发现新大陆了！"

计算机得到了一个意想不到的威力高达300多万吨级的氢弹测试新结果，这是大家意料之外的。经过分析，他们发现这次成功测算竟然缘于一个错误。负责计算模型数据准备的年轻组员把一处密度参数填错了，这才出现了"新大陆"。

虽然是一处错误，却给了科研人员一个提醒：要获得威力高的氢弹，最重要的因素之一是提高轻核材料的密度。也就是说，设计氢弹应该走高密度这条路。但是，问题也随之而来，要达到这么高的密度，靠炸药是绝对办不到的。只有依靠原子弹爆炸的能量才有可能。

如何控制和利用原子弹的能量这又是一个高难度的问题。为了解决这一难题，于敏苦思冥想，经过几天几夜的计算，分析原子弹爆炸时所释放的各种能量形式、特性及其在总能量中的比例，找到一种易控制、可驾驭的能量形式，"于敏新构型方案"就在这种情况下面世了。

11月1日晚上，华东计算技术研究所机房里，所有的人都紧张地忙碌着，等待着一个奇迹的出现。

纸带卷上缓缓地输出令人兴奋的数字，计算的结果和于敏先前预测的一样。兴奋之余，大家又临时加算了一个材料比例不同的模型，结果也不坏。隔天，另一个模型的计算也取得了完美的结果。

于敏高兴地说："我们到底牵住了'牛鼻子'！"人们像火山爆发一样一拥而上，把于敏紧紧地围住。"我们成功啦！我们成功啦！……"跳跃的人们高喊着。

峥嵘岁月稠，那些用算盘、计算尺测量出的日日夜夜，每一秒都作

参加"百日会战"的部分同志合影

数。"百日会战"令人难忘，100多个日日夜夜，于敏埋头于堆积如山的计算机纸带，做密集的报告，主持不同学科之间集体协作攻关，大家团结一心，同舟共济，形成一股强大的合力，最终取得了氢弹理论的突破。

"863"计划前的深夜交谈

    "863"计划出台的时候，整个世界还正处在冷战的状态，以美国、苏联为首的两个阵营为了在全球进行争霸，投入了大量的人力物力来推动科技的发展。特别是进入20世纪70年代以后，科学技术前沿孕育着一系列的重大突破项目。为了争夺高技术这个未来国际竞争的最高点，世界上许多国家都把发展高技术作为自己国家发展的重要战略之一。1983年，美国开始施行"星球大战"计划，欧洲启动"尤里卡"计划，日本也制定了"今后十年科学技术振兴政策"等，在世界范围内掀起了一场发展高技术的现代化浪潮。而此时的中国科技界，却依旧平静。

    "星球大战"计划是美国在20世纪80年代研议的一个反弹道导弹军事战略计划，该计划源自美国总统罗纳德·里根在冷战后期（1983年3月23日）的一次著名演说。2019年1月，美国总统特朗普在五角大楼发布新版《导弹防御评估报告》，提出将大力扩展导弹防御系统。这份报告被称作星球大战2.0版。

    "尤里卡"计划是在前法国总统密特朗提议下，于1985年4月17日，在德国汉诺威发起的。经过20年的发展，成员国已由最初的17个增加到36个，包括所有的欧盟成员国和瑞士、土耳其等国。法国总统密特朗所说，这项宏伟计划的实施，将使欧洲"能够掌握所有的高技术"，从而使之"成为进入21世纪的一个洲"。这项计划的落实，不仅能使欧洲在尖端技术方面赶上美国和日本，而且可确保和巩固欧洲在世界政治格局中所获得的地位。

"今后十年科学技术振兴政策"是在1984年末日本首相直属审议机构召开的科学技术会议上提出的。会议指出：日本进入稳定增长期以来，对于科学技术水平提出更高的要求，并且国际科学技术发展也要求日本应有较大的贡献。今后十年的科学技术政策应沿着"振兴独创性科学技术，如何使科学技术同人类社会协调发展，重视科学技术研究向国际化发展"这三个基本方向来制定相应的政策措施。振兴独创的科学技术是当前的首要任务。

1986年2月的一个夜晚，中科院学部委员、无线电电子学家陈芳允来到位于北京中关村的中科院宿舍区，敲开了中科院学部委员、光学家王大珩家的大门。陈芳允和王大珩不会想到，他们当晚的谈话翻开了中国科技发展史上的崭新一页。

深夜来访的陈芳允带着担忧，因为他之前参加国家有关部门组织的讨论会议时，大多数专家同意应该尽快采取相关对策，积极主动迎接世界新技术革命挑战，但是也听到了另外一种声音，认为目前我国经济实力还比较薄弱，在科技发展方面应该先采取"拿来主义"比较好，先搞一些短时间能看到效果的项目，推动国家和社会的经济发展。对此，陈芳允感到深深的忧虑。他担心这种观点会对国家科技与经济发展的大局产生十分不好的影响，这次拜访就是要与王大珩交换意见。

陈芳允拜访时，王大珩正在阅读一份科技资料。一看老朋友来了，他十分高兴，连忙起身给陈芳允沏上一杯茶。

但一向不慌不忙的陈芳允，此时却有些急不可耐。他没有多说几句闲话，便直接进入了正题："我看中国高科技的发展不能再耐着性子等下去了，咱们得好好讨论一下这件关系到国家前途的大事应该怎么办好。"

王大珩听完说道："你坐下，咱们得好好聊聊，这件事事关重大，我也正在想下一步怎么办呢。"

两位老科学家聊得越多越认为，面对美国的"星球大战"计划，中国不能等闲视之。虽然中国已经有了"两弹一星"的伟大成就以及其他不落后于世界先进水平的国防尖端武器，但是随着世界高科技水平的迅速提高，以美国为首的西方国家发展很快。我们要是落后，就会挨打。中国必须不断发展自己的撒手锏，以科学技术带动经济的发展，提高综合国力，屹立于世界民族之林。

讨论接近尾声，陈芳允说："光我们这样谈不行，我们的想法还应该报告党中央，我看咱们联名给党中央写封信吧，这样事情会好办一些。"

"当然可以！"王大珩赞同道，"这个点子太好了！这封信我来起草，把咱们的意见好好反映反映。"

陈芳允看王大珩主动承担起草信件的任务，非常高兴："好，这封信就由你来写，咱们写一份关于发展我国高技术的建议吧。"

陈芳允走后，王大珩激动得失眠了。

王大珩虽然思维敏捷、精力充沛，但毕竟是71岁的高龄了，他躺在床上从前到后捋清思绪便已将精力消耗大半。为了把想法迅速地誊写下来，第二天，他去找文笔好的潘厚任帮忙写篇初稿出来。王大珩觉得没有把自己和陈芳允的意思表达清楚，最后干脆自己写了起来。历经一个月的打磨，由王大珩执笔，陈芳允参与修改的《关于跟踪研究外国战略性高技术发展的建议》写作完成。他们商讨后，又将该建议送给核物

1986年3月，向中央提出"863"计划建议的四位科学家（右起：王淦昌、王大珩、杨嘉墀、陈芳允）留影

理学家王淦昌、航天技术及自动控制专家杨嘉墀两人过目，并且赢得了他们的认同与支持。1986年3月3日，王大珩、王淦昌、杨嘉墀、陈芳允等4位中科院学部委员向中央联名提交了这一建议。

在发展高科技这件事情上，4位"两弹一星"功勋达成了一致，他们认为要争分夺秒，从现在开始积极追寻国际科学技术的先进水平，发展中国独立自主的高技术。他们判断的原因，既来自中国研制"两弹一星"技术的成功经验，又来自对世界科技发展史经验的深刻总结和对当时世界先进科技发展趋势的准确认知，及对当时以美苏为首的国际竞争格局的深刻把握。

这份报告很快被相关人员呈送到了邓小平的案头。邓小平看完后，深以为然，两天后就作出了相关批示。根据邓小平的批示，中共中央有关部门立即开展座谈会并且邀请部分科学家进行商议。科学家们对高技术项目的主要内容和选择方向，进行了热烈的讨论。中央有关部门将讨论会中的重要意见整理后，汇报给了邓小平。邓小平审阅后，作出了明确的批示，最终形成了《关于高新技术研究发展计划的报告》。

在邓小平的支持和推动下，"863"计划于1987年3月正式开始组织实施，上万名科学家在不同领域大力协同，相互合作，一起攻关，取得了丰硕的研究成果。"863"计划的实施，是中国共产党科教兴国的一个重大战略部署，为当下中国在世界高科技领域占有重要地位奠定了坚实基础。

2016年，随着"国家重点研发计划"的出台，"863"计划结束了自己的历史使命。这是我国新时期满足国家发展需求，适应新技术革命和产业变革的适时之举、关键之举。科研项目形式随着时代在变化，但是从"两弹一星"事业到"863"计划，不变的是一以贯之的"两弹一星"精神。

◇ **国家重点研发计划**

当前我国最高级别的研发项目。"国家重点研发计划"由原来的"国家重点基础研究发展计划"（"973"计划）、"国家高技术研究发展计划"（"863"计划）、"国家科技支撑计划"、国际科技合作与交流专项、产业技术研究与开发基金和公益性行业科研专项等整合而成，是事关国计民生的重大社会公益性研究，事关产业核心竞争力、整体自主创新能力和国家安全的战略性基础性前瞻性重大科学问题、重大共性关键技术和产品，为国民经济和社会发展主要领域提供持续性的支撑和引领。

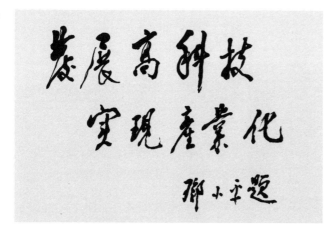

邓小平题字：发展高科技，实现产业化

王大珩、王淦昌、杨嘉墀、陈芳允正是因为发挥了大力协同的精神，才使"863"计划成功诞生。同时正是因为有这样的一种精神，在这一计划的实施过程中，各行各业才能齐心协力取得如此大的成就。我们要传承和弘扬"两弹一星"精神，用它武装一代又一代的青年科技工作者，为"世界科技强国"这一新的历史目标的实现而不懈奋斗。

原子能事业中的"媒人" ①

钱三强（1913年10月16日—1992年6月28日），籍贯浙江吴兴，生于浙江绍兴。核物理学家，中国科学院院士。1936年毕业于清华大学物理系。1937年赴法国巴黎大学居里实验室和法兰西学院原子核化学实验室学习、工作，获博士学位。1948年回国，历任清华大学物理系教授，北平研究院原子能研究所所长，中国科学院近代物理研究所所长，二机部副部长、中国科学院副院长等职。

中国原子能事业的开拓者和奠基人之一。他组织开展氢弹的预研工作，为氢弹研制做了理论准备，促成了中国在第一颗原子弹爆炸后仅两年零八个月，就成功研制了氢弹。1999年中共中央、国务院、中央军委追授他"两弹一星功勋奖章"。

1983年5月12日，钱三强在《人民日报》发表文章谈如何培养

---

① 本篇内容主要参考葛能全著《钱三强年谱》，山东友谊出版社2002年。

选拔"带头人"。他在文章中写道，所谓"带头人，并不一定是本门学科或本项工程技术里，年龄最老、威望最高的名人，但应该是有本事的人。本事就是：在学术上或技术上有一定造诣；有运用知识解决问题的能力；有干劲和创新精神，善于识人，用人，团结人"。钱三强为党和国家排忧解难，发掘和培育国家发展所需要的"带头人"。他作为原子能事业的"媒人"，一生都奉献给"两弹一星"事业。

1959 年 6 月，苏联反目毁约，企图置中国尖端技术与国防工业于死地。面对波诡云谲的国内外形势，摆在新中国原子能工业面前的首要问题便是——如何重新排兵布阵，挑选合适人选，保障核武器的研制与发展。对此，作为原子能事业"媒人"的钱三强着眼大局，发扬大力协同精神，主动协助领导，承担起这方面的责任。很快，他出色的工作成绩得到大家的一致认可。众所周知，原子弹和氢弹研制事业中有许多耳熟能详的重量级科学家，比如，王淦昌、彭桓武、朱光亚、邓稼先、于敏、周光召、程开甲、郭永怀等。他们能参与"两弹一星"的伟大事业，均与钱三强有着直接联系。可以说，正是因为有钱三强的帮助，他们才踏上了这条辉煌之路。

譬如周光召。1960 年 3 月，钱三强在莫斯科接待了他和何祚庥及吕敏。他们作为杜布纳联合研究所中国学者党支部的书记和委员，一起递交联名信请缨回国参加祖国建设。一方面，钱三强为这些有志青年的真诚与选择感到开心和自豪，希望努力促成他们的心愿。但另一方面，钱三强也面临着一个棘手的问题。周光召作为北京大学派出的讲师，关系不仅不属于科学院和二机部，而且有着较为复杂的海外关系，这使他回国报效难以成行。但是，钱三强从大局出发，并没有因为害怕犯忌而弃才。他亲自去做了情况调查，找到我国驻苏使馆的相关人员及部分学者谈话，又从莫斯科拍电报给刘杰做汇报："刘杰部长，来信收悉。九局理论组，我认为周光召较适宜，但需在国内解决调干问题。"

回国之后，钱三强还亲自前往北京大学做疏通工作。最终，在他的努力下，周光召的调动问题得以顺利解决。周、何、吕三人如愿以偿，回国报效。后来，他们分别成为我国原子弹、氢弹理论研究和核试验测试工作的突出贡献者。可以说，要是没有"媒人"钱三强的努力，我国核事业的开展或许还要遭受不少波折。

又如邓稼先。1958年7月，为了做好苏联原子弹模型和图纸资料的接收工作，国家成立了核武器研究所（亦称九所，后改九院）。九所成立后，理论部急需一位业务水平高、政治条件优、组织观念强、能同苏联专家打交道、善于团结共事的人。对此，组织邀请钱三强出马，来物色和推荐人选。"媒人"钱三强一番"扫描"过后，最终相中了理论组的邓稼先。

钱三强让人把邓稼先喊来了自己的办公室，聊了一会儿，突然说了一句幽默的话："小邓，国家要放一个大炮仗，准备调你去做这项工作，你怎么样？""大炮仗。"邓稼先心里咯噔了一下，立刻意识到这是指原子弹。但他不敢马虎，本着实事求是的原则问道："我能行吗？"钱三强笑了，他看出了邓稼先的真诚与担当。随后，他向邓稼先详细介绍了调到哪里去，做什么工作，以及工作中需格外注意的问题。最后，钱三强拍了拍邓稼先的肩膀，笑

◇ 刘杰

刘杰（1915年1月—2018年9月23日），原名刘渤生，曾用名张华文，生于河北威县。1932年10月参加革命工作，1935年4月加入中国共产党。中共七大代表、十二大代表，第五届全国人大代表。原国家二机部部长，中国核工业的开拓者、奠基人之一。曾任中共中央顾问委员会委员，中共河南省委第一书记。

着把这件事定了下来。不久以后，邓稼先到北京花园路走马上任，远离公众，痴心于他那个"大炮仗"。他一干就是28年，一直干到成为家喻户晓的"两弹"元勋，而他心中装着的依旧是"大炮仗"。

1986年邓稼先逝世之后，这段经历才被披露出来。次年11月，邓稼先的同窗好友杨振宁从纽约写信给钱三强，对他作为原子能事业"媒人"所具有的着眼大局、慧眼识人的风范表示尊敬。1990年，杨振宁在一次谈话中，更是盛赞钱三强推荐邓稼先的决定：

> 所以，我也很佩服钱三强先生推荐的是邓稼先这个人去做原子弹的工作。因为那时候中国的人很多呀，他为什么推荐邓稼先呢？我想，他当初有这个眼光，指派了邓稼先做这件事情，现在看起来，当然是非常正确的，可以说作了一件很大的贡献。因为他必须对邓稼先的个性、能发挥作用的地方有深切的了解，才会推荐他。而这个推荐是非常对的，与后来整个中国的原子弹、氢弹工作的成功有很密切的关系。
>
> 除此之外，他还推动了香港中文大学数学科学研究所、清华大学高等研究中心、南开大学理论物理研究室和中山大学高等学术研究中心的成立。

◇ 杨振宁

杨振宁，1922年10月1日（护照上为9月22日）生于安徽合肥，物理学家，香港中文大学博文讲座教授兼理论物理研究所所长，清华大学高等研究院名誉院长、教授，纽约州立大学石溪分校荣休教授，中国科学院院士、美国国家科学院外籍院士、英国皇家学会外籍院士、台湾"中央研究院"院士、香港科学院荣誉院士、俄罗斯科学院院士，1957年获诺贝尔物理学奖。

再如王淦昌、彭桓武、朱光亚。在原子弹研制进入决战阶段，需要选拔更多的"带头人"去参加攻关时，钱三强意识到自己的研究所应当率先全力以赴。他主动向二机部党组推荐他的两位副所长——王淦昌和彭桓武到核武器研究所任职。并且，钱三强还向组织担保，他推荐的两人政治、业务都值得信赖，二人挑得起解决关键疑难问题的重担。二机部领导在得知这一消息后，欣然同意，并认为有钱三强推荐的人的加入，攻关工作必将变得更加顺利。而王淦昌在接受任务时，只说了一句话："我愿以身许国！"彭桓武则说："国家需要我，我去。"

核武器研究所从西藏军区调来一位主事的将军，却缺少一位与他搭档的负责业务的领导人，物色合适人选的任务又落到钱三强的头上。他在多位科学家之间认真比较，最后郑重推荐了原子能所中子物理室的副主任朱光亚前去上任。这一决定得到二机部党组的采纳。事后也证明，钱三强的决定又一次获得了成功。

曾担任二机部部长的宋任穷这样描述过钱三强："钱三强同志在我国原子能事业的创建与发展中，有独特的贡献，起到了别人所起不到的作用。"在原子能事业中，承担关键角色的钱三强，肩负起了为党和国家排忧解难，发掘和培育各领域带头人的"媒人"使命。他不仅在各个领域之间起到润滑剂和磁铁的作用，组织大家拧成一股绳，大力协同，解决遇到的各种科学技术问题。而且在上级决策时，他

◇ **宋任穷**

宋任穷（1909年7月11日—2005年1月8日），原名宋韵琴，曾用名宋绍梧，湖南浏阳人。1926年6月加入中国共产主义青年团，1926年12月转入中国共产党。1955年被授予上将军衔。曾任中国共产党第八届中央政治局候补委员、第十一届中央书记处书记、第十二届中央政治局委员，中共中央顾问委员会副主任，中国人民政治协商会议第四、五届全国委员会副主席。

钱三强(前排右三)和刘杰(前排左四)、赵忠尧(前排左三)、彭桓武(前排右二)
出席苏联杜布纳联合研究所成立全权代表会议

负责参谋工作,适时发现问题,提出建议对策,帮助领导处理棘手问题。在整个研制工作遭遇卡壳时,他又承担起桥梁和纽带的角色,上情下达,多方协调,调兵遣将,组织攻关。大力协同的精神体现在钱三强工作中的方方面面,成为他处理问题的重要宗旨与准则。

钱三强发扬"两弹一星"精神,用自己的行动与担当实现了自己的报国之梦与爱国之志。当下,在全面推进中华民族伟大复兴的关键时刻,去培养挖掘更多像钱三强这般的"媒人",对社会主义现代化强国的建成具有重要价值及意义。

一枚被获奖者拒收的奖章

彭桓武（1915年10月6日—2007年2月28日），湖北麻城人，中国科学院院士，著名理论物理学家，我国理论物理和核武器事业的重要开创者之一。曾经历次担任中国科学院近代物理研究所副所长，二机部第九研究设计院副院长，中国科学院高能物理研究所副所长，中国科学院理论物理研究所所长、名誉所长等职务。在研制核武器事业的初期，他领导并参与了原子弹、氢弹的原理突破和战略核武器的理论研究和设计工作，在中子物理、辐射流体力学、凝聚态物理、爆轰物理等领域取得了一系列的重要成果。先后获国家自然科学奖一等奖一项，国家科技进步奖特等奖两项。1999年被授予"两弹一星功勋奖章"。2006年6月，国际编号为48798号的小行星正式命名为"彭桓武星"。

1982年，九院九所申报的"原子弹氢弹设计原理中的物理力学数学理论问题"项目因为成果显著并且意义重大，从而获得了"国家自然科学奖一等奖"。奖项在申报的时候，需要在第一完成人一栏填上名字，

◇ **国家自然科学奖一等奖**

国家自然科学一等奖是国家自然科学奖、中国自然科学领域的最高奖项，旨在奖励那些在基础研究和应用基础研究领域，阐明自然现象、特征和规律，作出重大科学贡献的中国公民。此前，华罗庚、吴文俊、钱学森等均获此殊荣。由于该奖项的评选严格性，在历史上多次空缺，比如2010年、2011年和2012年，而在2013年由中科院物理所的铁基超导研究打破空缺局面。国家自然科学奖的颁发包含奖状和奖章两项，其中奖状是每个参与获奖项目的得奖人人手一份，但是奖章仅有一枚，只能颁发给项目的第一完成人。

参加申报的众人经过认真仔细地商议后，一致决定推举在本次项目中作出巨大贡献的彭桓武作为第一完成人。国家自然科学奖的颁发包含奖状和奖章两项，其中奖状是每个参与获奖项目的得奖人人手一份，但是奖章仅有一枚，只能颁发给项目的第一完成人。

当九院九所将一等奖奖章拿到手以后，就安排当时的所长李德元把奖章送到彭桓武的手中。李德元兴高采烈地把奖章带到彭桓武的面前并且递给他时，彭桓武抬头看着李德元手里的奖章声音干脆地说道："我不要。"

李德元一下子没反应过来，愣在了原地。他完全没预料到彭桓武会拒绝得如此干脆，只好耐心地向彭桓武解释说："这个奖章就只有一个，按规定是给第一完成人的。"

"我不要。工作是大家做的，我不能要这个奖章。"彭桓武听完后，态度依旧很坚定。

这一僵持的局面让李德元有些无奈，他竟一时不知该如何处理。只好又硬着头皮对彭桓武说："彭先生，你不要，谁还敢要？邓稼先是不会要的，周光召也不会要。你们谁都不要，所里拿着算怎么回事呢？"

注视着李德元，体会到他焦急心情的彭桓武严肃的表情一下子从脸上消失了，忽然露出了让人捉摸不透的笑容。他说道："好吧，我收下。"

李德元如释重负，脸上也重新浮现出了初来时的笑容。他心里盘算着总算是完成任务，能够向所里交差了。

可彭桓武接下来说的话，让他彻底地愣在了原地。"这奖章我收下了，就是我的了。我就有权处理它。我把它送给九所全体同志。"

李德元一听，又愣在了原地。停顿了好一会儿，他方才彻底搞明白彭桓武的真实想法，不由得在心中感叹道："我还能怎么说呢？还可以怎么说呢？这样缜密的逻辑，就像在推导数学公式一样，滴水不漏，无懈可击。"

彭桓武看出并且也感受到了李德元的尴尬和窘迫，也预想到了他回单位后可能面临着难以向院里交差的问题。彭桓武想了想，说道："我给九所题几个字吧！"接着，彭桓武起身转向了他身后的书架，从上面拿下了一本原版的精装书籍。他翻开封面，毫不犹豫地将扉页撕了下来。

李德元看着眼前的这一幕十分不解，连忙问道："彭先生，您这是干什么？"彭桓武笑眯眯地，拿着刚撕下来的扉页在他眼前晃了晃，说："这个纸好，题字很合适。"然后，就在纸上写下了至今仍铭刻在中物院人心中的十个大字："集体，集集体；日新，日日新。"

彭桓武题写的后半句，很容易让人联想到《礼记·大学》里提到的"苟日新，日日新，又日新"。

可以看出，彭桓武化用这样一句话，并且模仿写出前半句，就是为了表达出：集体利益摆在个

◇ 李德元

李德元，1932年1月出生于上海。1952年毕业于交通大学数学系。1952—1956年任交通大学高等数学教研室助教、讲师。1956—1960年在苏联莫斯科大学数学力学系攻读研究生，获苏联数学物理科学副博士学位。1960年至今在北京应用物理与计算数学研究所从事核武器数值模拟研究工作，任研究员、博士生导师，先后任组长、室主任、副所长、所长等职务。

人利益前面，那么就要天天牢记集体利益摆在个人利益前面，一天接着一天地都要去牢记集体利益摆在个人利益前面这一点。这一举动生动地表现出了彭桓武先生的高风亮节。

"国家自然科学奖一等奖"是我们国家自然科学领域最高级别的荣誉奖项。它的设立主要是为了奖励那些在研究自然科学领域，作出重大贡献的中国公民。而被九院九所一致推举荣获奖项的彭桓武，用他的高贵品格与治学风骨，证明了他的获奖实至名归且未有异议。

时至今日，这一幅题字还在九所所史馆展览室的墙上熠熠生辉。来瞻仰它的年轻一辈科学工作者，从中感悟着老一辈科学家崇高的爱国情怀和朴素的民族情感。彭桓武身体力行，在共和国的精神丰碑上镌刻下了属于自己的不朽印记！

彭桓武的题字、奖章和证书

"最困难的时候也就是快成功之时"

任新民（1915年12月5日—2017年2月12日），安徽宁国人。航天技术和液体火箭发动机专家，中国科学院院士。1940年重庆兵工学校大学部毕业。1945年赴美国密歇根大学留学，获机械工程硕士和工程力学博士学位。1949年回国。他领导了第一个自行设计的液体中近程弹道式地地导弹液体火箭发动机的研制工作，组织了中程、中远程、远程液体弹道式地地导弹的多种液体火箭发动机的研制、试验工作，组织了氢氧发动机、长征三号运载火箭和整个通信卫星工程的研制试验，组织了用长征三号运载火箭把亚洲一号通信卫星准确地送入地球同步转移轨道，实现了中国运载火箭国际发射服务零的突破。1984年荣立航天部一等功。1985年获两项国家科技进步奖特等奖。1994年获求是科技基金会杰出科学家奖。1999年被授予"两弹一星功勋奖章"。

　　1961年的冬天，担任国防部五院一分院副部长的任新民正面临着一个巨大的难题，"东风二号"发动机的研制工作陷入了困境。

◇ "1059"

"1059"为中国首款导弹"东风一号"代号，1964年3月12日改名为"东风一号"。

从"1059"到"东风二号"，从仿制到独立设计，其中最大的难题就是被命名为5D60的发动机的研制。"1059"的发动机5D52的组合件仅为62件，5D60发动机共有168件组合件，其中106件组合件需要重新设计。巨大的担子压在了任新民的肩头。

研制过程中接二连三的问题使任新民备感压力，即使进行不断的分析与改进，发动机的研制工作仍然没有任何进展。就在任新民为攻克发动机难题而绞尽脑汁时，他接到了国防部五院常务副院长王秉璋的电话，王秉璋向他转达了聂荣臻的一句话："最困难的时候也就是快成功之时。希望你注意身体！"

听到这句话的任新民一时语塞，心中千头万绪，不断回味着这句话。一次次成功与失败的情景浮上心头，他的肩上扛着无比重大的责任，但他的身后也站着无数共同奋战的同志。挂断电话的任新民一扫心中的阴霾，带领团队开展一次又一次的研究与讨论，终于找到5D60发动机在推力上所存在的问题，并采取了相应的改进措施。1961年11月28日，5D60发动机通过了主机工作125秒的测验，各项参数均符合设计要求，取得了自行研制液体火箭发动机的关键性胜利，从而保证了"东风二号"研制工作的进行。

1962年3月21日，这是中国航天人刻骨铭心的一天，在这一天，中国第一个自主设计研制的中近程导弹——"东风二号"进行了首次试飞试验。

"东风二号"首飞
试验爆炸

发射前的各项测试与准备工作都在有条不紊地进行着，一切似乎进展得非常顺利，参加试验的所有人都怀揣着激动的心情，期待着"东风二号"导弹的试飞成功。然而就在发射几秒钟后，导弹开始出现了较大的摆动和滚动，不久发动机起火，21秒时导弹失控；69秒后，"东风二号"导弹突然坠毁在发射场上，炸点离发射台只有68米，炸出了一个直径约30米的大坑。这突如其来的失败顿时让整个发射场沉寂了，每个人的心里都笼罩着一层沉重的阴霾。

面对坠毁的导弹，发射现场的任新民愣住了，脸上流露出了难以掩饰的痛苦。他不顾众人的阻拦，往爆炸地点冲去，直到离导弹近在咫尺，他仿佛耗尽了所有力气，一个踉跄便瘫坐在了地上，那一刻，周围的嘈杂声都消失了，只剩下了任新民自己微不可闻的呢喃声，他挣扎着想要站起来，可身体的每一个细胞都似乎在抗拒着运动，他被一股无形的重力压制住，仿佛注定要永远瘫坐在这片土地上，只有戈壁滩上呼啸而过的狂风在诉说着，这一颗集结了无数科研工作者心血的"东风二号"导弹试飞试验宣告失败了。

在得知试验失败的消息之后，聂荣臻明确指示，科学试验允许失败，并要求各级领导不要追究责任，要认真总结经验教训。为鼓励科研人员，4月9日，聂荣臻再次强调，"东风二号"试射未达到目的，不要泄气，作为试验工作，这是正常现象。此时，尽管任新民的心情很沉重，但聂荣臻不久之前的一句教诲涌上心头——"最困难的时候也就是快成功之时"。他细细品味聂荣臻的这句话，在这种悲痛的时刻，这句话使他深受鼓舞，信念更加坚定。

国防部五院成立了"东风二号"故障分析领导小组，任新民为领导小组成员。故障分析领导小组先后召开了4次分析会和5次专题技术报告会，确定了失败的主要原因。失败的原因主要有两个：一是总体方案设计时没有将弹体作为弹性体考虑，飞行中弹体出现了弹性振动，与姿态控制系统发生耦合，致使飞行失控；二是发动机强度不够，导致结构破坏起火。

在明确故障原因的基础上，领导小组确立了改进措施：落实技术责

1964年4月，"东风二号"导弹飞行试验获得成功

任制，明确设计师对应的责任，由技术人员负责技术方面的问题；重新设计方案，保证弹体拥有足够的强度和刚度，发动装置提高强度与可靠性等；健全火箭试车台、震动塔和风洞，增加地面试验的时间。

任新民率领团队，针对发动机存在的问题，反复讨论与试验，不断修改方案，解决新出现的疑难问题，将重点放在解决发动机可靠性问题上。通过多次地面试验、综合试验等，仅发动机就采取27项改进措施，从根本上解决了发动机存在的问题。

功夫不负有心人，1964年6月29日，"东风二号"导弹在发射基地进行了试飞，首次取得圆满成功。此后，又进行了7发导弹的发射，均取得成功。这证明经过改进的设计方案是正确的。

"东风二号"导弹的发射成功，标志着中国在导弹技术领域取得了重大进展，为后续的独立研发奠定了坚实的基础。

"最困难的时候也就是快成功之时"，正是这句话，为科研人员注入了精神力量，激励他们勇于攀登，战胜导弹研制过程中的种种困难，取得新的成就。

"上马"还是"下马"？
他如何实现意见统一？ ①

1961年8月20日，一份文件被直接送到了毛主席的办公桌上，收到文件的毛主席没有任何迟疑，当即召集其他领导人共同研讨，最终这份文件得到了毛泽东、周恩来等主要领导人的一致同意。这份由时任国务院副总理、国防科委主任聂荣臻元帅签发的文件为什么受到如此重视？这份文件又是如何影响了"两弹"研制工作进程？

20世纪50年代中期，党中央和毛泽东作出了中国要研制原子弹和导弹的重大决策。然而到了50年代末，国内经济陷入困境，"两弹"研制工作也受到了不同程度的阻碍。一方面，在1960年，苏联单方面撕毁协定，对于刚刚开始的核武器研制工作无疑是倒悬之急。另一方面，国内经济出现严重困难，全国范围陷入粮荒。面对这些问题，出现了"常规"与"尖端"之争，以及"两弹"是继续"上马"还是"下马"的争论。

1961年7月18日至8月14日，国防工业委员会在北戴河召开工作会议。会上，"两弹"应该"上马"还是"下马"成为讨论和争论的焦点。这场争论的结果将在很大程度上决定中国"两弹"发展的命运。

有些人认为，"尖端"挤了"常规"，研制"两弹"困难太大，主

---

① 本篇内容主要参考《聂荣臻回忆录》，解放军出版社1986年。

张下马。并提出了三点原因：一是当前我国经济基础薄弱，研制"尖端"投入过大；二是我国"两弹"研制工作刚刚起步，在没有苏联技术援助的情况下，进展缓慢；三是在今后一段时间内，如果发生战争，还得靠常规武器，尖端武器既然靠不上，不如放一放。

在当时的科研团队里，持这种观点的人，并不在少数。聂荣臻7月20日就来到北戴河，在听取会议情况汇报的过程中，他发现不少人对研制"两弹"的信心动摇了。聂荣臻多次找人座谈，冷静分析当前面临的困难，得出的结论是："两弹"研制已经具备一定基础。五院、二机部拥有研究人员数千名和一批先进的研究设备，最重要的是有一批世界第一流的研制"两弹"的爱国科学家。"两弹"的研制还会带动一系列科学技术的发展。

在8月4日的会议上，聂荣臻系统讲述了主张继续攻关的意见。他特别强调"两弹为主，导弹第一"的方针。他指出这一方针是1960年2月中央军委扩大会议确定的，后来得到中央批准，这是正确的方针，这一方针并没有排除常规武器的研制，"尖端"与"常规"可以两手抓。三五年内，导弹、原子弹是力争突破的问题，常规武器是配套生产的问题。"现在，尖端武器研制遇到些困难，但这是个历史任务。在这个困难面前，是退还是进？我认为还是要敢于前进。"

聂荣臻形象地比喻说，这好比过河，大家都想过，但桥就那么宽，谁先谁后，得排排队，否则一拥而上，谁也过不去。坚持攻关"两弹"技术可以带动我们的科学技术和工业生产各方面的进步，"两弹"技术是当代先进科技的综合性技术，"两弹"技术过关了，别的技术也就带动起来了。

会议结束之后，聂荣臻回到北京，写了《关于导弹、原子弹应坚持攻关的报告》，并提交给毛泽东。他在报告中详细阐述了国防尖端技术的现状、当前的困难、今后决心，得到了毛泽东、周恩来等主要

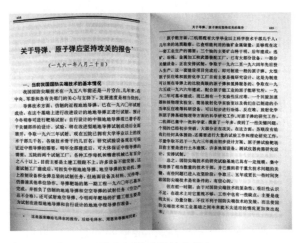

《关于导弹、原子弹应坚持攻关的报告》

领导人的一致同意。在提交这份报告之后，聂荣臻派张爱萍、刘西尧、刘杰等人，对二机部等部门进行调查。11月14日，张爱萍、刘西尧将调查的情况，写了共约2500字的《关于原子能工业建设的基本情况和急待解决的几个问题的报告》，介绍了二机部的基本情况与存在的主要问题，并得出结论认为，"第一线工程争取在1962年至1964年陆续投入生产，取得核燃料，在1964年制成核武器和进行核爆炸试验是可能实

1962年11月，旨在领导"两弹一星"研制工作的中央十五人专委会成立，图为身兼专委会主任的周恩来（左二）与专委会委员中的贺龙（右二）、聂荣臻（左一）、张爱萍（右一）在一起交谈

现的"。

"上马""下马"之争的实质，实际上是国防工业和国防科研部门长期矛盾积累的结果，是两个部门在当时的条件下，对有限的人力、物力和财力资源分配和争夺的表现。在主要领导人的指示以及中央军委作出决定以后，"尖端"与"常规"之争，也就是两弹"上马""下马"之争，得以平息。

在党的统一领导下，以及全国各单位和各部门大力协同，坚持"两弹为主，导弹第一"，倾全国之力支持核武器事业研制的局面逐渐展开。

小学毕业的导弹奇才

张镰斧（1921年3月—2011年6月1日），原名张继唐，山西忻县人，1937年参加八路军，1938年5月加入中国共产党，1960年晋升大校军衔。第六、七、八届全国政协科技组委员。原第七机械工业部副部长兼一院院长、一院代理党委书记。曾荣获三级独立自由勋章、二级解放勋章、朝鲜民主主义人民共和国一级国旗勋章、航天部"在发展航天事业中贡献突出"一等功奖、国家科学技术进步奖特等奖。

1960年4月，张镰斧在党和国家的安排下，走上了"东风一号"总装配套指挥组总指挥的位置。张镰斧与23位"两弹一星功勋奖章"的获得者不一样，他学历不高，只有"高小"的学历，与那些科学家相比可以说在专业知识上相差悬殊。他在上任这个岗位后，周围不少同志怀疑他的学历和能力能否担当得起这么重要的岗位和责任。再加上来自中央命令的强大压力，生产基地转型发展中面临的严峻问题和繁重任务，张镰斧的革命精神和工作能力经受着不小的考验。

面对困难的局势，张镰斧没有退缩，革命经历磨砺出的敢作敢当、决不轻言放弃的坚毅品质，使他承担起了这一重担。尽管导弹研究基地仍然存在着一些很难解决和没有解决好的问题，他也坚决服从党中央的指挥，执行党中央的命令，不仅很快适应了新的工作环境与强度，还主动运用起他在革命中培养出的大力协同、领导团队的重要能力，依靠"以点带面"这一解决问题的关键方法，走进基地科技人员、工人群众之中，与他们打成一片，调动起身边能够利用到的一切资源来推动工作的开展。

他说："走进群众，与群众在一起，群众才会信任你，跟你一起干！"他不怕苦，不怕累，向工人师傅和技术人员虚心学习，主动去做一名"勤杂工"。在二一一厂的各个车间里面，大伙儿经常能看见他勤劳工作的身影。张镰斧每个星期都给自己安排了在工厂固定劳动的时间，他与车间的工人们同甘共苦，在技术上不停地磨砺着自己的基本功。张镰斧将心比心，真情待人，踏实努力的行事风格，最终打动了众人。大家服从指挥，万众一心，从此工厂的生产效率与工作氛围一天天地被带动起来。众人团结一致向着我国第一枚导弹（"东风一号"）的目标奋勇前行。

1960年苏联撤走专家，中国的导弹研究事业受到了极大的阻碍。然而，张镰斧没有被眼前的困难吓倒，他勇于担责，协调各方，竭尽全力保证仿制事业的正常开展。他做战前动员，在大会上说真话，

◇ 二一一厂

1958年，面对西方核讹诈的威胁，党中央决定在青海金银滩建立中国第一个核武器研制基地，对外称"青海省第五建筑工程公司""青海矿区"。二一一厂是核武器研制基地的别称。

◇ 东风一号

"东风一号"是中国仿制的苏联"P-2"导弹。导弹全长17.68米，弹径1.65米，起飞重量20.4吨，采用一级液体燃料火箭发动机，最大射程600公里。可携带1300公斤的高爆弹头。

东风一号

揭伤疤，激发大家知耻而后勇的荣誉感。他提高思想工作的开展频率，令自力更生、大力协同的观念成为共识。在张镰斧的努力下，大家的迟疑情绪很快消散，并开始积极配合，服从指挥，在工作中齐心协力，保障导弹研制事业的正常开展。

在张镰斧的协调下，不仅在一线奋斗的技术人员与工人，其他各部门的人员也不甘落后，为了研制事业的成功而努力拼搏，发光发热，争先向前。二一一厂党政机关的干部们都觉得为一线服务是一件光荣的事情。他们将解决一线的问题作为自己的主要工作而不懈奋斗。厂工会的同志们不仅加强了对厂里先进事迹的报道力度，还增加了大家体育运动和文化活动的安排次数。除此之外，他们大力宣传"自力更生、土洋结合"的政策，开展起热闹的"学、比、赶、帮"的群众运动和"双革"运动，加快了基地建设的速度。厂共青团委带领着厂里的青年，向车间的老师傅们认真地学习技术和手艺。受到鼓舞的青年同志都争着去最艰苦的岗位上工作。不少青年人认为在车间参加生产工作才是加快自己成长的正确道路。许多青年工人跟随着师傅们主动地加班做实验，努力地让自己成为航天科学事业的合格接班人。厂里的妇联会则和工厂家属委员会一起组织了120多人的工作队伍，派出医生、助理走街串户，拜访慰问了2000多户职工家属，安定后方，从背后帮助研制事业的开展。

可以说，在如此困难的工作形势下，正是因为有张镰斧的无私奉献，居中调节，方才使整个试验生产过程按部就班、各个部门协调一致，令研制工作最后取得了圆满的成功。张镰斧虽然没有很高的学历和完整的科学理论知识体系，但是他听党指挥，敢打敢拼的革命品质，使他担当起了这一项国防重任。张镰斧的本领来自他优良的革命品质与学习态度，根本上说是来自他坚决地"听党指挥"，自觉地将多年学习到的革命理论与宝贵经验运用到了生产的组织与建设之中，从而保证了此次导弹研制事业的成功。

此后，张镰斧又担任了"长征二号"基本型火箭研制工程的第一任总指挥、第一枚"东风五号"洲际导弹研制工程的总指挥等职位。从1967年到1984年，虽然他开始逐渐走向二线，但是17年来张镰斧一直发扬"两弹一星"精神的优良品格，全面主抓一院（现中国运载火箭技术研究院）全院的科研生产工作，将一生奉献给了祖国和人民，实现了自己的报国之志。

◇ **长征二号**

长征二号（代号：CZ-2）是20世纪70年代中期中国研制的一型两级液体运载火箭，为发射返回式卫星而立项研制。长征二号是中国研制的第一代液体运载火箭，成功发射返回式卫星，使中国成为世界上继美国、苏联之后第三个掌握研制、发射返回式人造卫星技术的空间大国。

东风-5弹道导弹（简称：DF-5，北约代号：CSS-4）是中国人民解放军火箭军装备的一型洲际弹道导弹。东风-5弹道导弹在2019年10月1日中华人民共和国成立70周年阅兵式上，作为战略核导弹武器受阅。东风-5弹道导弹核武器携带弹头多、突防能力强、毁伤威力大，是维护国家主权，捍卫民族尊严的坚强盾牌。

"热心肠"的中子弹试验理论分队

胡思得（1936—），浙江宁波人，核物理学家。复旦大学双聘教授、博士生导师，中国工程院院士。获得国家科学技术进步奖特等奖、一等奖、二等奖和部委级科技进步奖一等奖多项，1993年获全国五一劳动奖章，1995年获全国先进工作者称号。

1984年12月19日，中子弹原理试验成功以后，九院作业队理论分队在试验场地宿舍前集体合影。前排左起：周云翔、李茂生、张立发、李沄生、陈行良；二排左起：马文杰、胡思得、于敏、郑绍唐、曾德承；三排左起：关秀荃、袁冠谦、王守志、盛家田、张天树、刘恭梁、孙永盛、张彩华。

郑绍唐（1934—），研究员，博士生导师，核武器理论研究所原副所长，享受国务院特殊津贴。1956年毕业于北京大学技术物理系，后进入中科院原子能所从事核反应堆理论研究。1960年调入核武器研究所，曾参加原子弹和氢弹的理论研究和设计工作。在核武器研究设计中，作为主要完成者之一，参与领导了几种型号核武器的理论设计，曾获国家科技进步奖特等奖、一等奖等奖励多项。

　　1984年11月，中子弹原理试验正式开始前的一个月，九所成立了第九作业队理论分队。经过精挑细选后，由18个人组成了队伍。理论分队的队长是曾德承、指导员是张彩华。队伍成立以后，经过了名单上报、政审、体检、领取工作服和劳动保护用品等各项程序。11月下旬，队伍成员乘坐专机从北京飞到了新疆的马兰机场，随后又换乘核试验基地

◇ 中子弹

　　中子弹是一种以高能中子辐射为主要杀伤力的低当量小型氢弹。更正式的名称是强辐射武器。中子弹是特种战术核武器，爆炸波效应减弱，辐射增强。只杀伤敌方人员，对建筑物和设施破坏很小，也不会带来长期放射性污染，尽管从未曾在实战中使用过，但军事家仍将之称为战场上的"战神"——一种具有核武器威力而又可用的战术武器。

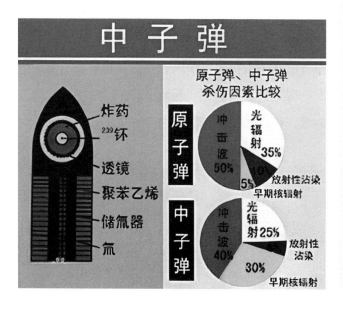

派来的大巴到达试验场的驻扎地。

队伍中第九作业队的领导和其他分队中参加试验的同志先到达了驻地，而理论分队的同志则最后一批到达。试验场地的条件十分艰苦，不仅环境气候恶劣，水资源还极其缺乏，周围更是荒无人烟，平日里见不到几个人。搞后勤保障的同志压力很大，十分辛苦。参加试验的许多同志在戈壁滩上工作时间久了，身体吃不消，陆续开始生病。面对这一严峻情形，理论分队挺身而出，齐心协力，不仅组织人员去食堂轮流打扫卫生，还去厨房帮忙，给工作的同志打下手，努力改善大家的用餐环境和饮食状况。第九作业队的领导和其他分队的同志看到后，深受感动，对理论分队这一精神与行动，纷纷给予了高度的评价与认同。

在协助解决基地人员生活困难的同时，理论分队也服从组织指挥，与其他部门合作，抓紧时间努力做好正式试验开始前的各项准备工作。第九作业队的领导在广播里讲话，要求第九作业队的各个分队要进行全面的查漏补缺工作，保证整个队伍的准备工作做到严肃认真，周到细致，稳定可靠，万无一失。对此，理论分队联合设计部试验、加工、测试分队积极配合有关单位部门的严格检查。在正式检查开始之前，他们既对自己队伍承担的工作内容进行全面核查，保证把可能发生的隐患问题全部解决在试验正式开始之前，同时还与其他分队密切联系，互相监督，彼此建议，推动整个准备工作的完善、协调与发展。

试验场地的住宿环境也很艰苦，一开始房子没有建好，大家睡的主要是帐篷，后面房子建好了，大家才住进了平房里面。队伍睡的是那种上下铺的铁床，一间小房子里塞了七八个人，住起来十分拥挤。地面也是泥土铺成的，每天打扫卫生更是尘土飞扬，住宿环境没有得到根本改善。而且这次中子弹试验，为了大局考量，加快进度，试验时间被定在了寒冬腊月。试验场驻地的室外温度常常在零下30摄氏度以下，晚上在宿舍里放好一盆水，到第二天早上就可以结冰。人一出门眼睫毛就会挂上一层厚厚的白霜，眉毛胡须也会被风雪染成白色。为了给大家改善住宿的条件，基地领导和理论分队的同志知道晚上室外温度低，女同志黑灯瞎火地上厕所十分不安全，便去搞来了塑料桶为她们上厕所提供方便。基地天气昼夜温差大，缺乏充足的水资源和其他各种能源材料，大家洗澡十分不方便。对此，理论分队和其他同志不畏艰苦，一起合作，在室外将不用的汽车改造成澡堂，充分利用条件解决困难。

1984年12月19日，理论分队的众人纷纷徒步爬上了天山山脉的半山腰，坐在那里一起等待并感受中子弹爆响的时刻。突然，身体向上急剧地震动，大家感受到了强烈的震撼。试验成功了，大家彼此相拥，欢呼雀跃。过了一会儿，在场的众人收到了"地震"的监测报告，上级宣布中子弹原理试验获得成功！众人十分激动，在欢声笑语中一起回到了驻地，并且决定拍一张照片以留作纪念。于是大家就穿着军大衣，戴着棉帽，在作业队的平房前照了一张理论分队的"全家福"。这张合影记录下了奔赴核试验基地现场执行任务的18位人员。其中有九院副院长于敏，九所副所长胡思得，九所科技委主任郑绍唐以及作业队的领导。这张合影更是拍出了九院人身上崇高的爱国情怀、不息的民族斗志和伟大的"两弹一星"精神。

四年后的1988年，中国第一颗中子弹爆炸试验取得圆满成功。这次试验表明，我们找到了一条独立自主的设计研发道路，已掌握了中子弹的科学原理以及化学反应过程中的热量规律，并成功运用到了武器化过程之中。中子弹设计技术的掌握，使我国成为世界上少数几个拥有中子弹技术的核大国之一。从此，我国核武器的发展史上留下了浓墨重彩的一笔，我国核武器的研制工作在理论和技术上走进了一个更高水平的新时代。1988年，参加中子弹研制工作的全体人员受到了党和国家领导人的亲切接见，中子弹技术荣获国家科技进步奖特等奖。他们是后人永恒的榜样，值得我们留恋与敬仰！

运水降温大会战

原子弹爆炸成功后，氢弹的研发工作成为我国原子能事业的下一个重点项目。而研发氢弹需要经过大量的科学计算，因此大型计算机在计算过程中承担着重要角色。当时，上海华东计算技术研究所有一台代号为J501的计算机，它有着每秒5万次的运算速度，处于全国的领先水平。从此，上海华东计算技术研究所成为九院理论部的一个长期出差点和重要的理论计算研究中心。

那时的计算机技术没有现在这么发达，很容易受到外部因素的影响。J501计算机的程序是用机器指令编写的，今天来看，它的智能化程度不高。它不仅实验时容易受外部影响出错，而且需要人在旁边值守，对温度、湿度等影响机器运行的外部因素进行监察管理。J501计算机刚开始运行的时候故障不断，十分不稳定，因为温度过高而产生故障的事时有发生。为了不耽误氢弹的研发进程，保障氢弹的顺利研发，参加工作的同志们吃完饭就到办公室来值班，为了解决发生的故障，保障计算机的运行，

◇ **华东计算技术研究所**

我国最早建立的计算机研究所之一，是我国计算机科学研究和技术开发的南方基地。该所自1958年10月27日创建以来一直从事计算机、软件、系统集成、电子信息服务等方面的科研开发、产品生产和技术服务。该所在计算机网络、操作系统、数据库分布式计算技术、嵌入式软件开发环境和系统管理等方面的研究开发取得了丰硕的成果。

华东计算技术研究所

经常工作到深夜。哪怕是周末、节假日，他们也任劳任怨，照干不误。

上海的夏天比起北方要闷热得多，可谓酷暑难耐。那时没有空调，风扇也不是很多，坐在狭小办公室里工作的同志，经常因汗流浃背而时感疲累。加班到深夜的同志，因为大晚上又热又困地看纸带，很容易就伏在桌子上睡着了。为了不耽误工作的进度，有的同志就去冲凉降温，有的索性在浴缸里浸泡一会儿，让身体的暑气彻底消了，脑袋清醒了，身体放松了，再回到办公室工作。每当有重要的任务需要进行计算时，各部门更是尽出精兵强将参加值班，为计算机保驾护航，排除影响计算机稳定运行的隐患故障。

1965年的夏天，天气比以往还炎热。众所周知，机器运行本就散发着不小的热量，长时间的高温，会对机器运算的效率与准确性造成极大影响，甚至损伤机器。机器保持良好的散热状态对研制工作的开展具有十分重要的意义。因此，面对高温天气的强大压力，为保障计算工作的正常进行和机器的健康运转，领导们对巡逻的值班人员重点叮嘱，要他们多加留意温度变化及对机器运行状态的影响。故而，巡逻的值班人员对机器的健康状态格外地留意与关注。

果不其然，问题还是出现了。有一天，值班人员在对机房进行日常检查时，突然发现机房的冷却塔发生了故障。冷却系统停止了正常循环工作，计算机不断升高的温度可能对计算结果造成不小影响。巡逻人员不敢怠慢，迅速将事情上报给了研究所的相关领导。研究所的领导问完详细情况，从技术人员口中得知还需要一段时间才能排除冷却塔的故障后，立马意识到问题的严重性。

冷却塔是用水作为冷却剂，通过在系统里不停循环，吸收机器热量排放到大气之中，以降低机器温度的装置。它的损坏，意味着计算机温度正在升高，高压负荷的计算机很容易出现故障，而一旦计算机出现故障，势必使整个运算过程的数据受到损伤。更令人感到担忧的是，万一计算机出现难以修复的严重故障，不光是氢弹的研发进程受到耽搁，同时使用这台计算机的其他重要项目也会受到极大影响。现在，当务之急是必须采取有力的措施来为机器降温，为技术人员争取到宝贵的维修时间。面对这一严峻情况，研究所领导当机立断，立马发布通知，动员目前可以出动的全部人员，搜寻可以找到的所有打水工具，行动起来，去大楼西边的河里打水，运到冷却塔，吸收计算机的热量，给计算机降温。

得到紧急通知的众人，在得知机器的危险状况后，纷纷迅速行动起来。大家拿着自己能找到的各种盛水的工具，奋不顾身地冲到了河堤边去用力舀水提起，再向大楼冲去。随着人员增多，一条一字长蛇阵很快从河堤排到了大楼门口，为了提高打水运水的效率，大家大力协同，开始形成了固定的分工。从远处望去，100多号参"战"人员井然有序，大家齐心协力，分工明确，效率惊人，一桶桶、一盆盆的河水，在你来我往的回头转身间，伴随着麻利的动作，认真奋力地传递给了下一个人，就这样一次次地直至传送到大楼中。夏日炎炎，不一会儿，每个人的脸上都挂满了汗水，不少人汗水开始浸透衣衫。大楼里的技术人员在得知打水送水运水人员的辛苦后，也奋力地加快抢修速度，就这样两边齐心协力，故障最终被排除。当得知"运水降温大会战"取得胜利时，在场的众人爆发出惊喜的欢呼声。排除万难的喜悦，深深地感染了在场的每一个人。

"大鹏之动，非一羽之轻也；骐骥之速，非一足之力也。"面对冷却塔故障这一影响计算机运算的严重事故，研究所从上到下，万众一心运水降温，使故障得以顺利排除。这种纪律性与主动性，可见若非平日里有较高的思想觉悟和党性修养，绝不可能在关键时刻做出如此迅速且正确的判断，组织人员完成任务。究其原因，这次成功的应急反应，根本上就在于党思想理论的成功教育和关键时刻的熟练运用。因而，在加快建设科技强国，实现高水平科技自立自强，推动中华民族伟大复兴，建设社会主义现代化强国的关键时刻，传承弘扬"两弹一星"精神，加强党性教育，提高理论水平具有重要价值及意义。

飘荡在核武器研制基地的民歌

耿万鹏，山东平阴人。1959年4月调入九院工作，先后任221厂基建处技术员、九院基建处技术员、七所高级工程师。

金银滩草原牧草丰盛、牛羊肥壮，人们用金银遍地来描绘这片美丽而富饶的土地，因此称呼它为"金银滩"。

金银滩草原由著名的金滩、银滩大草原组成，不仅是我国著名草原歌谣《在那遥远的地方》的诞生地，还是我国鲜为人知的神秘禁区——第一个核武器研制基地的所在地。在这里，镌刻着"两弹一星"人的足迹和他们的酸甜苦辣，承载着"两弹一星"人挥洒热血、砥砺奋进，以苦为乐、无私奉献的辉煌青春。而曾在金银滩工作的耿万鹏于此书写了与战友们一起奋斗的点滴。

核武器研制基地开工以后，随着大批人员的陆续到来，宿舍数量不足成了一个突出的问题。因为建造房屋需要的材料多，消耗的人力和时间成本也比较高，为了不耽误基地建设的工期，加快工程进度，组织发动各部门的同志自己动手，建造自己的宿舍。对此，众人主动向当地牧民请教盖屋子的方法，纷纷加班加点盖起屋子来。其中，水电队因地制宜，在盖屋子铺房顶时，大面积地使用了当地牧民常用的一种"条子"（荆条，也可用于烧火）。可遗憾的是，近处的条子不够用，只有到离队部15公里外的团宝山上才能收集到足够的数量。因此，水电队内部开会后，决定派耿万鹏与其他五位同志一起，准备好小帐篷、马灯、砍具等工具驻扎在团宝山脚下，专门负责"条子"的收集工作。

每天当耿万鹏他们忙活完，在夜晚点上马灯并烧起热水，开始吃馍的时候，在他们附近感到好奇的牧民便哼着民歌，牵着自己家的猎狗来登门造访。登门的时候，牧民十分热情开朗。他们会操着一口青海方言笑着说道："阿么料子？"（意思是"怎么样啊？""干什么呢？"）这时，耿万鹏等人便笑着起身去与牧民握手，并用茶水招待，欢迎他们的到来。日子没过多久，两队人马就混得相当熟了，还成为会经常彼此帮忙的好朋友。牧民手里的活干完了，得空了，便会来帮忙，帮耿万鹏等人一起打"条子"、搬"条子"。牧民不仅教耿万鹏他们唱歌，还带着他们打猎，一起去改善伙食。牧民们热情慷慨的帮助，让耿万鹏一行人感到了生命的温暖与浓厚的感情。

民歌既是牧民享受生活、愉悦身心、舒缓心情的重要方式，还是他们与生俱来的兴趣天赋。他们一代一代口口相传，将自身对生活的记忆与对自然的热爱融贯其中，而与耿万鹏等人相处的牧民之中就不乏能歌善舞之人。

帮助耿万鹏一行人打条子的牧民之中，有一个名叫强巴的小伙儿。

他唱起歌来，十分好听动人。强巴嗓音纯正，高亢洪亮，唱的《花儿》（青海民歌）具有十分强烈的高原民族色彩，给人留下了十分深刻的印象。平日里十分喜欢民歌的耿万鹏可谓巧遇知音，喜出望外。他苦中作乐，一边干活一边跟着强巴哼唱起了各种民歌。强巴看到耿万鹏认真哼唱的样子，感到十分开心，也主动地教耿万鹏唱起民歌来。在强巴的热情教导下，耿万鹏可谓受益良多。在回到基地之前，他还真就学会了几首原汁原味的青海民歌。

大草原的生活是单调的，很多外来的同志对此都感到不太适应。时间长了，不少同志的情绪开始变得低落，乏味的生活甚至削减了队伍的革命热情与工作效率。回到基地的耿万鹏察觉到这个问题之后，在大家工作时便会时不时地敞开嗓子唱两句，给大家提一下精神。时间一长，无论男女、不少会唱歌爱唱歌的同志都跟着他唱了起来。经耿万鹏和其他同志那么带头一唱，众人低落的情绪被一扫而空，干劲十足地带着热情继续投身于基地建设与科研工作之中。民歌也成为推动工作开展的一大重要力量。

很快，耿万鹏成为公认的"著名"草原歌手。在空闲时间，他开始收到各个部门单位的诚挚邀请。许多单位邀请他去演唱民歌，给大家鼓劲加油，缓解压力。一些领导看到民歌的巨大作用之后，发扬大力协同精神，开始筹建民歌演唱队。从各个单位选拔出唱歌优秀的同志后，将他们组织成队伍，去哨所、医院、县委、施工单位等各地区进行慰问演出。《大海航行靠舵手》《打靶归来》《洪湖水浪打浪》等歌曲不久就在整个基地传唱开来。

歌曲简介：《大海航行靠舵手》，原名《干革命靠的是毛泽东思想》，由李郁文作词、王双印作曲，创作于1964年，曾在周恩来总理的指导下曲子上稍作修改。该曲是一首歌颂毛泽东思想的歌曲，反映了当时中国工农兵群众学习毛泽东著作的热潮。

《打靶归来》是由牛宝源作词、王永泉作曲的军旅歌曲。1960年，该曲获得全国业余歌曲创作比赛一等奖。1959年3月，一天傍晚，战士牛宝源看见一些戴着大红花的战士扛着枪、拿着靶牌、高高兴兴从靶场归来。于是，便提笔写下"日落西山红霞飞，战士打靶把营归，胸前红花映彩霞，清脆的枪声满天飞"这首"顺口溜"小诗。后来，这首小诗发表在《部队文艺创作选》。1960年初，王永泉看到这首小诗，认为它很有部队生活气息，于是添了4句歌词（歌曲的第二段歌词），并将原来的"清脆的枪声"改成"愉快的歌声"，使其成为一首歌词，进而谱成歌曲《打靶归来》。

《洪湖水浪打浪》是中国鄂中南地区的一首民歌。歌曲创作于1958年，先是歌剧《洪湖赤卫队》中一个场次的主题曲，1961年歌剧改编成同名电影后成为电影主题曲。歌词分前八句和后六句两片。上片重写洪湖之景，下片重抒感恩之情。歌曲富于民歌特色，是湖北民歌的象征。1962年获得第一届电影百花奖最佳音乐奖，1994年入选"百歌颂中华"优秀纪念歌曲奖。周恩来称赞《洪湖水浪打浪》是"一首难得的革命的抒情歌曲"。

自此，耿万鹏的名气越来越大。不久，他通过选拔，进入青海省职工文艺代表团之中，并且于1960年5月初赴京参加首届全国职工文艺会演。在北京，耿万鹏等人演唱的歌曲，因具有浓郁的高原色彩与民族风格，得到了来自全国各地观众的强烈欢迎。青海省职工文艺代表团的表演得到了空前热烈的反响。在文艺会演的舞台上，耿万鹏高歌"永远跟着共产党，幸福万年长"，既唱出了核武器研制基地各位同志的万众一

1960年5月，首届全国职工文艺会演在北京举行。图为221厂耿万鹏（领唱）参加
青海省代表团演出

心，更唱出了各族同胞永葆团结的永恒心声。

　　直到晚年，耿万鹏还时常怀念起在金银滩的那段美好回忆，不时唱
出年轻时学的歌谣。那段豪情万丈的过往，化作大力协同的精神，深深
融进了耿万鹏的精神骨髓之中。

汇聚全国物资的金银滩

1960年前后，整个中国遭遇到了十分严重的自然灾害。粮食、油和蔬菜、副食品等基本的生活物资变得短缺起来。全国许多地方的城乡居民出现了浮肿病，患上肝炎和妇女病的人员数量也显著增长。因为新生儿数量的迅速减少，全国人口数量也出现了较为明显的下降态势。在如此艰难的经济情况下，核武器研制基地所在的金银滩也遭遇到了极大的困难。

"饥饿"在221厂内部成为普遍存在的状况。家常的蔬菜基本没有，

金银滩

能吃的菜是野菜"灰灰菜"。这个菜在内地吃了没什么问题，但是在青海高原上吃了就会使人中毒。人们一个月的粮食定量是22斤，平均下来每人每天1斤粮食都不到，有时每月定量的22斤粮食也不能全额发放。大家的主食里面不但没有细粮，而且连一般的面粉和大米都看不到，谷子面、蚕豆面、青稞面则被大家当成"细粮"来看待，甚至连病号们的饭都是用不容易消化的青稞面做成的。

没有油和蔬菜，人们吃了这些"细粮"，上厕所变得十分困难。当时，一顿饭每个人常常分发两个谷子面或蚕豆面做成的馍馍（其实是发糕），因为馍馍吃的时候很容易破碎，所以大家苦中作乐，给它们起了个名字叫作"一捏酥"。馍馍很干很难下咽，为了可以吃下去，每个人都弄了个盆，把两个馍馍放到盆子里，然后放一些酱油膏，倒一些水，搅和成流食，把它们一下子吞掉。最困难的时候，每个人一天就发几两青稞面和几个土豆。大家吃完饭，不敢做大幅度的自由活动，因为一活动就会消耗为数不多的体力导致身体缺氧。在营养不足的情况下，大家身体的免疫力都变得十分脆弱，一旦缺氧身体就很容易出现问题。

饥饿深深地困扰着金银滩的每一个人，不断产生的浮肿病更是让本就严峻的健康情况雪上加霜。在最难熬的时期，大家体力不足，只能抽空躺在床上养神。基地缺乏维持运转的燃料，为了给基地的能源供应部门分担一些压力，众人就在生活中多烧一些勉强捡来的柴草和牛粪以节省燃料，保障基地研制工作的顺利开展。物资稀缺、身心困乏对核武器基地的研制进程产生了极大的阻碍。

为了保障金银滩核武器基地的正常运转，全国许多单位同甘共苦，伸出援手，以保障核武器研制事业的顺利进行。负责具体领导和组织全国科技工作的聂荣臻元帅在知道基地工作人员缺乏粮食，生活物资得不到应有的保障之后，为缓解基地粮食短缺的情况，主动联系全国各个重要军区，寻求物资方面的支援。粮食部曾经有一次划拨给二机部在西北的3家单位数百万斤黄豆，来缓解他们的粮食短缺问题；青海省政府则调拨给西北核武器研制基地整整4万只羊，来补充他们的肉食营养。

全国各地虽然都面临着生活物资缺乏的现状，但是为了保障"两弹一星"事业的进行，大家主动配合工作，忍受着饥饿，节省出鱼类、肉食、黄豆等副食品和其他相关物资，支援我国科研事业的开展。粮食部、商业部通过北京市粮食局得到1.5万吨面粉，将它们用来专门保障金银滩核武器基地的高级科研人员、伤病人员和空勤地勤人员的供应。而为了解决基地相关特种部队的生活供应问题，商业部和总后勤部则在兰州专门设立了综合二级物质资源批发站，减少物资的流通时间和环节，直接保障特种部队单位所在地的物资需求。

金银滩不仅在汇聚全国物资的过程中，体现着大力协同的精神；从金银滩向其他地方运输物资的过程中，各个单位也通力合作，互帮互助，确保"两弹一星"研制事业走向成功。比如，从金银滩核武器研制基地运输核装置到新疆核武器试验基地（马兰基地），就采用了火车专列运输的方式。在运输的过程中，不仅火车专列本身采取了武装押运这种十分严密和稳妥的安全措施，而且沿途经过的地区也派出公安进行专业的警戒保护。当火车经过两个省的交界处时，相邻两个省的省公安厅厅长会亲自出面来办理交接的手续。为了防止产生影响运输安全的火花，铁道工人将检查火车沿线安全状况的铁锤全部换成了铜锤；为了防止有爆炸物混入煤炭中，煤炭工人用煤筛仔细地挑选合格的煤炭；为了避免因为用电而产生不必要的安全隐患，在火车经过的地区，供电厂对高压电线暂停了供电。核武器的高浓缩铀部件则是由专机直接空运到核武器试验基地。可以说，这样大规模的协作力度，只有在中国共产党领导下的社会主义中国才能够完成。

"两弹一星"的研制事业是一个涉及方方面面、规模宏大的系统工程，需要数千个单位、几十万人员去组成一个相互协同的合作体系。工业落后的中国在短时间内能够造出"两弹一星"，可以说凭的就是全国各族人民大力协同的精神品质。在党的领导下，"集中力量办大事"的工作方法，是中国"两弹一星"伟大事业取得举世瞩目成就的优势所在和秘密之法。

今天，我们已经进入了大科学时代，大科学带来大技术，大技术带来大规模，大规模带来大效应。在推动实现高水平科技自立自强，建设世界科技强国的过程中，我们唯有坚持党的领导，团结一心，大力协同，同舟共济，中华民族的伟大复兴方可早日到来！

◇ 马兰基地

马兰基地位于新疆巴音郭楞蒙古自治州境内，是中国 20 世纪 60 年代核试验基地的研究中心之一，有较多军事遗迹，是"两弹"研发的军事纪念地。2011 年被国家发展改革委列入国家红色旅游项目第二批经典名录。

"巨鲨"问世

潜匿深海，悄无声息；巨浪奔腾，威震海天！"巨鲨"问世——中国第一艘核潜艇研制成功！

核潜艇工程技术复杂，涉及航海、核能、导弹、计算机等几十个专业，被称为浮动的海上科学城堡。其配套系统和设备成千上万，研制过程中所遇困难不计其数。

为国掀起核"巨浪"的背后，是千万人的奋斗托举……

"核潜艇，一万年也要搞出来！"

面对研制中的困难，毛泽东的这句话，既是誓言，也是中国人攻克

中国第一艘核潜艇"长征一号"

核潜艇难关的动力源泉。

在研制核潜艇的过程中，领导人给予高度关切。毛泽东先后为研制核潜艇作过近10次重要批示，其中，仅在核潜艇开工前后的一年里（1968年2月至1969年2月），就作过5次批示。周恩来10余次主持中央专委会议，讨论核潜艇研制工作，并采取相关措施。中共中央和国务院十分关注这项工程的进展，不仅下达一系列指导性文件，还及时解决研制中技术协调等重大问题。中国老一辈革命家为中国核潜艇事业付出了大量的心血。

核潜艇的设备、系统复杂繁多，必须在有限的空间里进行合理布置，才能尽量保证核潜艇内环境的优良。为了确保安装质量，需要设计建造一个1:1的核潜艇模型。

核潜艇总体研究设计所、核潜艇总体建造厂和核动力研究所密切配合，展开联合设计。全艇大小机电设备由北京、旅大、锦州等地的模型加工厂按照图纸的实际尺寸和基本样式加工。千余名设计人员和工人经过2年多的时间，用木料、金属、塑料管和硬纸板等材料，建造出一个1:1全尺寸核潜艇木模型。

这个"木潜艇"不仅有外壳，内部还装着千百台与实际设备一样大小的木制设备模型和纵横交错的"电缆管路"。艇内的各种设备好似一块块"积木"，现场人员整宿整宿地待在模型旁，反复摆弄挪动，寻找每一台设备的最佳位置。

驻厂军事代表和设计、安装人员通过现场设计、模拟安装、模拟操作、模拟维修，反复推敲，发现和解决了大量安装、维修、操纵等方面的问题，确定了全艇设备、仪表的布置，管路和电缆的走向以及耐压艇体上1000多个开孔的位置，以此指导实艇的施工图纸绘制工作。

1968年5月，首制核潜艇开始在造船厂放样。在艇体建造过程中，面临着许多技术挑战，手焊、自动焊、碳弧气刨等都是难关。工人们解放思想，探索并采用了新型焊接工艺，大力推广新型焊接工艺，提高工效几十倍。经过一年的日夜奋战，终于在1969年11月完成了大量的割、焊和装配工作，全厂第一个立体分段顺利地吊上船台。

广大技术人员、干部和工人吃在船台，干在船台，睡在船台，以船台为家。在当时全厂只有4名四级以上自动焊工人和16名五级以上手焊工人的情况下，仅仅用了不到5个月的时间就实现了船体大合龙，这无疑是一个奇迹。

类似的奇迹不断上演。设备安装前的油漆工程也非易事，工人们面临着酷暑天气、舱室温度高、通风条件差、油漆味道重等种种困难。然而，这些挑战并没有让他们退缩。他们日夜连轴转，有的累倒了，醒来后依然坚持继续工作。不分男女，不分干部工人，工人们打破工种界限，上下一心。在这个过程中，没有一人叫苦，没有一人计较待遇与报酬，一个月完成了两个月的工作量，再次创造了令人惊叹的奇迹。

在核潜艇研制的队伍中，会聚了全国一大批优秀的人才，有物理学家、造船专家、核反应堆工程专家、火箭专家。有以庚子赔款送出去留学归来的学生，有在旧中国毕业但在新中国大展才华的大学生，有共和国自己培养出来的第一代知识分子和历届大学毕业生，有经验丰富的老师傅和刚参加工作的年轻工人，有曾为新中国浴血奋战的战斗英雄，有广大部队指战员和海军驻有关厂所的军事代表……可谓精英荟萃、群策群力。

"巨鲨"问世，掀起核"巨浪"的背后，是全国"一盘棋"的规划和千万人协作的精神，是大力协同的力量攻克了这些坚固的"堡垒"，助推科技再攀高峰！

中国"两弹一星"纪事

导 弹

1956年2月，钱学森起草了《建立我国国防航空工业的意见书》。

1956年4月13日，国务院正式决定成立航空工业委员会，直属国防部。聂荣臻为主任。

1956年5月10日，聂荣臻向国务院、中央军委提出《建立我国导弹研究工作的初步意见》的报告，提出必须立即开始导弹技术的研究、试造与干部培养工作。

1956年5月26日，中央军委作出发展导弹的决定，并同意在航空工业委员会下设导弹管理局和导弹研究院。

1956年10月17日，中共中央批准聂荣臻提出的"自力更生为主，力争外援和利用资本主义国家已有的科学成果"发展导弹事业的方针。

1958年3月3日，中共中央书记处批准在西北地区建设导弹试验靶场及在辽西地区建设海上分场。

1958年10月16日，中共中央批准将航空工业委员会改组为国防部国防科学技术委员会（简称国防科委）。

1959年10月，中央军委向中共中央的报告提出，国防工业应以抓尖端技术为主，目前主要是导弹问题，同时也要注意核弹头问题。

1960年1月至2月，中央军委召开的扩大会议，明确提出"两弹为主，导弹第一"的发展国防尖端技术的方针。

1960年11月5日，我国仿制的近程地地导弹首次发射试验成功，聂荣臻元帅称："这是我国军事装备史上一个重要的转折点。"

1961年8月20日，聂荣臻向毛泽东报送《关于导弹、原子弹应坚持攻关的报告》，提出有决心和信心在三五年或更长一些时间内，突破中远程导弹和原子弹、核导弹技术。

1962年3月21日，我国独立研制的第一枚中近程地地导弹发射失败。

1964年2月，张爱萍任地地导弹专门领导小组组长，负责建立导弹作战基地及组建导弹部队领导机构的工作。

1964年4月11日，霹雳1号空空导弹定型投产。

1964年6月29日，改进设计后的中近程地地导弹首次飞行试验成功。

1964年12月10日，红旗1号地空导弹武器系统初步设计定型。

1965年2月，中央决定改进增大中近程地地导弹的射程，并用其进行导弹核武器试验。

1965年6月，张爱萍向中央军委呈报了《关于组建导弹部队领导机构问题的报告》，得到军委批准。

1966年10月27日，我国在本土进行导弹核武器首次发射试验获得圆满成功。

1966年11月22日，中央专委批准在华北地区建设地地导弹试验场。

1966年12月26日，我国研制的中程地地导弹首次发射试验成功。

1967年3月2日，周恩来批准在东北地区建设中远程地地导弹试验场。

1967年7月10日，红旗2号地空导弹武器系统定型。

1967年12月4日，我国中近程地地导弹定型。

1970年1月30日，我国中远程地地导弹首次飞行试验成功。

1971年11月15日，我国中远程地地导弹全程飞行试验成功。

1974年8月5日，海鹰1号、海鹰2号岸舰导弹设计定型。

1975年5月25日，中共中央作出关于国防尖端技术发展问题的决定，首先抓紧洲际导弹的研制，积极进行潜地导弹的研制。

1975年8月4日，我国中程地地导弹核武器定型。

1976年6月5日，海鹰1号舰舰导弹设计定型。

1978年12月5日，鹰击6号空舰导弹试验成功。

1980年4月8日，霹雳3号空空导弹定型。

1980年5月18日，我国首次洲际地地导弹全程试验获得成功。

1982年1月20日，海鹰2号甲型岸舰导弹设计定型。

1982年10月12日，常规动力潜艇水下发射潜地导弹试验成功。

1983年6月29日，中远程地地导弹武器系统定型。

1984年1月4日，海鹰2号乙型岸舰导弹设计定型。

1984年3月27日，上游1号甲型舰舰导弹设计定型。

1985年4月22日，红缨5号地空导弹设计定型。

1985年5月20日，我国首次用机动发射装置发射成功固体地地战略导弹。

1986年12月16日，我国洲际地地战略导弹设计定型。

1988年9月15日，我国导弹核潜艇水下发射潜地导弹定型试验获得成功。

1999年8月2日，我国成功地进行了一次新型远程地地导弹发射试验。

核　弹

1955年1月15日，中共中央书记处扩大会议作出发展原子能事业的决定。

1955年7月4日，中共中央指定陈云、聂荣臻和薄一波组成三人小组，负责领导原子能事业的发展工作。

1956年4月25日，毛泽东在中共中央政治局扩大会议上的讲话中指出，要有原子弹，"在今天的世界上，我们要不受人家欺侮，就不能没有这个东西"。

1956年11月16日，第一届全国人大常委会第五十一次会议通过决定，设立"中华人民共和国第三机械工业部"（1958年改名第二机械工业部），主管我国核工业的建设和发展工作。

1957年10月15日，中苏签订"国防新技术协定"。

1958年6月21日，毛泽东在中共中央军事委员会扩大会议上的讲话中指出："搞一点原子弹、氢弹、洲际导弹，我看有十年工夫完全可能。"

1958年7月，核武器研究所在北京成立。

1959年3月，中央军委批准核试验场定点在新疆罗布泊地区。

1959年6月20日，苏共中央致函中共中央，提出暂缓向中国提供核武器样品和技术资料。

1959年7月，中共中央决定，"自己动手，从头摸起，准备用八年时间搞出原子弹"。

1961年11月14日，张爱萍和刘西尧向中央军委呈报了《原子能工业建设的基本情况和急待解决的几个问题》的报告，提出"若是组织得好，抓得紧，有关措施能及时跟上……在1964年制成核武器和进行核爆炸试验是可能实现的。"

1962年10月，罗瑞卿向中央报告力争1964年爆炸第一颗原子弹的计划设想；11月3日，毛泽东批示："很好，照办。要大力协同做好这件工作。"

1962年11月17日，为了加强对核工业的领导，中共中央决定成立以周恩来为主任，有国务院7位副总理及7位部长级干部参加的中央15人专门委员会（简称中央专委）。

1963年3月，张爱萍在北京铁道干校大礼堂作动员报告，号召科技人员奔赴青海前线。

1963年12月24日，1:2核装置聚合爆轰产生中子试验成功。

1964年1月14日，兰州铀浓缩厂取得了高浓铀合格产品。

1964年4月，中央专委决定，成立核武器试验总指挥部，张爱萍任总指挥。

1964年6月6日，西北核武器研制基地进行1:1的模型爆轰试验，达到预期目的。

1964年10月16日15时，我国第一颗原子弹爆炸试验成功。

1965年5月14日，我国成功进行了第二次核试验。

1966年10月27日，我国进行了导弹核武器试验。

1967年6月17日，我国第一颗氢弹爆炸试验成功。

1969年9月23日，我国进行了首次地下核试验。

1971年9月，我国第一艘核潜艇下水。

1986年3月21日，我国正式宣布今后不再进行大气层核试验。

1996年7月29日，我国进行了最后一次地下核试验。中国政府发表声明：从7月30日起暂停核试验。

人造卫星

1956年2月，钱学森向中央提出《建立我国国防航空工业的意见》。

1956年4月13日，成立中华人民共和国航空工业委员会，统一领导我国的航空和火箭事业。聂荣臻任主任，黄克诚、赵尔陆任副主任。

1956年10月8日，国防部第五研究院正式成立，钱学森任院长，从事火箭、导弹研究工作。

1958年5月17日，毛泽东在中共八大二次会议上提出："我们也要搞人造卫星。"

1960年2月19日，我国自行设计制造的试验型液体燃料探空火箭首次发射成功。

1964年4月29日，国防科委向中央报告，设想在1970年或1971年发射我国第一颗人造卫星。

1965年5月4日，中央专委批准国防科委提出的《关于开展人造卫星研制工作的报告》，决定将人造卫星研制列入国家计划。

1965年8月，中央专委批准建设酒泉卫星发射中心，提出建造远洋观测船。

1965年10月，中国科学院受国防科学技术委员会的委托，召开第一颗人造卫星方案论证会。

1966年11月，"长征一号"运载火箭和"东方红一号"人造卫星开始研制。

1970年4月24日，我国第一颗人造地球卫星"东方红一号"用"长征一号"运载火箭发射成功。

附　录

附表1　中国历次核试验统计表（1964—1996年）

序号	试验日期	爆炸当量（万吨）	试验方式	方法	备注
1	1964-10-16	2	大气地面（塔安装）	裂变	第一颗原子弹
2	1965-5-14	3	大气空中（H-6轰炸机）	裂变（U235）	第一次由飞机空投试爆
3	1966-5-9	20~30	大气空中（H-6轰炸机）推进	裂变（U235）	推进的裂变设备（使用锂6）的第一次试验
4	1966-10-27	2	大气	DF-2（CSS-1）MRBM裂变（U235）	中国首次"两弹结合"（导弹与核弹）的试验
5	1966-12-28	12~50	大气地面（塔安装）	推进裂变（U235）	测试确认设计的二级氢弹原理
6	1967-6-17	300	大气空中（H-6轰炸机）	（U235）	第一次完整产出多级式的高热核反应氢弹测试
7	1967-12-24	1.5~2.5	大气空中（H-6轰炸机）	裂变（U235、U238和Lithium-6）	

续表

序号	试验日期	爆炸当量（万吨）	试验方式	方法	备注
8	1968-12-27	300	大气空中（H-6轰炸机）	高热原子核反应设备	第一次使用钚（U235，带有一定Pu）的热核试验
9	1969-9-23	2	地下隧道方法	裂变	第一次地下核试验
10	1969-9-29	300	大气空中（H-6轰炸机）	热核	第一颗由轰炸机投放的氢弹爆炸试验
11	1970-10-14	300~340	大气空中（H-6轰炸机）	热核	
12	1971-11-18	1.5~2	大气地面（塔安装）	裂变	包含Pu
13	1972-1-7	0.8~2	大气空中（Q-5轰炸机）	裂变	包含Pu
14	1972-3-18	10~20	大气空中（H-6轰炸机）	热核弹头	包含激发设备和Pu
15	1973-6-27	200~300	大气空中（H-6轰炸机）	热核	
16	1974-6-17	100	大气	热核	
17	1975-10-27	1以下	地下	裂变	
18	1976-1-23	2	大气	裂变	
19	1976-9-26	2	大气	裂变	局部熔解："特殊核弹"
20	1976-10-17	2	地下	裂变	
21	1976-11-17	500	大气空中（H-6轰炸机）	热核	最大当量试验
22	1977-9-17	2	大气	裂变	
23	1978-3-15	0.6~2	大气	裂变	
24	1978-10-14	1以下	地下	杆轴方法	首次杆轴爆炸

续表

序号	试验日期	爆炸当量（万吨）	试验方式	方法	备注
25	1978-12-14	2	大气	裂变	
26	1979-9-13	—	大气		意外故障
27	1980-10-16	20	大气		最后一次大气核爆炸
28	1982-10-5	0.3~105	地下		
29	1983-5-4	0.1	地下		
30	1983-10-6	15	地下		
31	1984-10-3	0.91	地下		
32	1984-12-19	0.13	地下		
33	1987-6-5	25	地下		
34	1988-9-29	0.25	地下	增强型 1-5 kT 辐射武器（中子弹）测试	
35	1990-5-26	1.15	地下		
36	1990-8-16	19	地下		
37	1992-5-21	62	地下		地下测试
38	1992-9-25	0.8	地下		
39	1993-10-5	8	地下		
40	1994-6-10	5	地下		
41	1994-10-7	5	地下		
42	1995-5-15	10	地下		
43	1995-8-17	8	地下		
44	1996-6-8	8	地下	双弹头试爆	
45	1996-7-29	0.5	地下		

附表2　中国航天发射一览表（1970—2022年）

序号	运载火箭名称	航天器名称	起飞时间	发射场	结果
1	长征一号（首飞）	东方红一号科学实验卫星	1970.04.24	酒泉	成功
2	长征一号	实践一号科学实验卫星	1971.03.03	酒泉	成功
3	风暴一号（首飞）	长空一号技术试验卫星01星	1973.09.18	酒泉	失败
4	风暴一号	长空一号技术试验卫星02星	1974.07.12	酒泉	失败
5	长征二号（首飞）	返回式卫星	1974.11.05	酒泉	失败
6	风暴一号	长空一号技术试验卫星03星	1975.07.26	酒泉	成功
7	长征二号	第1颗返回式卫星	1975.11.26	酒泉	成功
8	风暴一号	长空一号技术试验卫星04星	1975.12.16	酒泉	成功
9	风暴一号	长空一号技术试验卫星05星	1976.08.30	酒泉	成功
10	风暴一号	长空一号技术试验卫星06星	1976.11.10	酒泉	失败
11	长征二号	第2颗返回式卫星	1976.12.07	酒泉	成功
12	长征二号	第3颗返回式卫星	1978.01.26	酒泉	成功
13	风暴一号	实践二号科学实验卫星01星（一箭三星） 实践二号甲科学实验卫星01星（一箭三星） 实践二号乙科学实验卫星01星（一箭三星）	1979.07.28	酒泉	失败
14	风暴一号	实践二号科学实验卫星02星（一箭三星） 实践二号甲科学实验卫星02星（一箭三星） 实践二号乙科学实验卫星02星（一箭三星）	1981.09.20	酒泉	成功

序号	运载火箭名称	航天器名称	起飞时间	发射场	结果
15	长征二号丙 （首飞）	第4颗返回式卫星	1982.09.09	酒泉	成功
16	长征二号丙	第5颗返回式卫星	1983.08.19	酒泉	成功
17	长征三号 （首飞）	东方红二号试验通信卫星	1984.01.29	西昌	失败
18	长征三号	东方红二号试验通信卫星	1984.04.08	西昌	成功
19	长征二号丙	第6颗返回式卫星	1984.09.12	酒泉	成功
20	长征二号丙	第7颗返回式卫星	1985.10.21	酒泉	成功
21	长征三号	东方红二号实用通信卫星	1986.02.01	西昌	成功
22	长征二号丙	第8颗返回式卫星	1986.10.06	酒泉	成功
23	长征二号丙	第9颗返回式卫星 2台微重力试验装置（搭载）	1987.08.05	酒泉	成功
24	长征二号丙	第10颗返回式卫星	1987.09.09	酒泉	成功
25	长征三号	东方红二号甲 –1	1988.03.07	西昌	成功
26	长征二号丙	第11颗返回式卫星 微重力试验装置（搭载）	1988.08.05	酒泉	成功
27	长征四号甲 （首飞）	风云一号气象卫星A星	1988.09.07	太原	成功
28	长征三号	东方红二号甲 –2	1988.12.22	西昌	成功
29	长征三号	东方红二号甲 –3	1990.02.04	西昌	成功
30	长征三号	亚洲一号通信卫星	1990.04.07	西昌	成功
31	长征二号E （首飞）	澳普图斯模拟卫星（澳赛特模拟卫星） 巴达尔1号科学实验卫星（搭载）	1990.07.16	西昌	部分成功
32	长征四号甲 Y2	风云一号气象卫星B星 大气一号气球卫星A、B星（搭载）	1990.09.03	太原	成功

续表

序号	运载火箭名称	航天器名称	起飞时间	发射场	结果
33	长征二号丙	第12颗返回式卫星	1990.10.05	酒泉	成功
34	长征三号Y9	东方红二号甲通信卫星（实用同步通信卫星五号）（中星四号通信卫星）	1991.12.28	西昌	部分成功
35	长征二号E	澳普图斯B1通信卫星	1992.03.22	西昌	发射中止
36	长征二丁（首飞）	第13颗返回式卫星	1992.08.09	酒泉	成功
37	长征二号E	澳普图斯B1通信卫星	1992.08.14	西昌	成功
38	长征二号丙	第14颗返回式卫星 弗利亚卫星（搭载）	1992.10.06	酒泉	成功
39	长征二号E	澳普图斯B2通信卫星	1992.12.21	西昌	部分成功
40	长征二号丙	第15颗返回式卫星	1993.10.08	酒泉	成功
41	长征三号甲（首飞）	实践四号探测卫星 夸父一号模拟卫星（华凌集团之星）	1994.02.08	西昌	成功
42	长征二号丁	第16颗返回式卫星	1994.07.03	酒泉	成功
43	长征三号	亚太一号通信卫星	1994.07.21	西昌	成功
44	长征二号E	澳普图斯B3通信卫星	1994.08.28	西昌	失败
45	长征三号甲	东方红三号通信卫星	1994.11.30	西昌	成功
46	长征二号E	亚太二号通信卫星	1995.01.26	西昌	失败
47	长征二号E	亚洲二号通信卫星	1995.11.28	西昌	成功
48	长征二号E	艾科斯达一号（回声一号）通信卫星	1995.12.28	西昌	成功
49	长征三号乙（首飞）	国际通信卫星708星	1996.02.15	西昌	失败
50	长征三号	亚太一号A通信卫星	1996.07.03	西昌	成功
51	长征三号	中星七号通信卫星	1996.08.18	西昌	失败

续表

序号	运载火箭名称	航天器名称	起飞时间	发射场	结果
52	长征二号丁	第17颗返回式卫星 微重力试验装置（搭载）	1996.10.20	酒泉	成功
53	长征三号甲	东方红三号 通信卫星02星	1997.05.12	西昌	成功
54	长征三号	风云二号气象卫星A星	1997.06.10	西昌	成功
55	长征三号乙	菲律宾马部海通信卫星	1997.08.20	西昌	成功
56	长征二号丙改（首飞）	2颗铱星模拟卫星	1997.09.01	太原	成功
57	长征三号乙	亚太二号R通信卫星	1997.10.17	西昌	成功
58	长征二号丙改	美国铱星42、44（一箭双星）	1997.12.08	太原	成功
59	长征二号丙改	美国铱星51、61（一箭双星）	1998.03.26	太原	成功
60	长征二号丙改	美国铱星69、71（一箭双星）	1998.05.02	太原	成功
61	长征三号乙	中卫一号通信卫星	1998.05.30	西昌	成功
62	长征三号乙	鑫诺一号通信卫星	1998.07.18	西昌	成功
63	长征二号丙改	美国铱星76、78（一箭双星）	1998.08.20	太原	成功
64	长征二号丙改	美国铱星88、89（一箭双星）	1998.12.19	太原	成功
65	长征四号乙（首飞）	风云一号气象卫星C星 实践五号科学实验卫星（搭载）	1999.05.10	太原	成功
66	长征二号丙改	美国铱星92、93（一箭双星）	1999.06.12	太原	成功
67	长征四号乙	中巴地球资源卫星（资源一号卫星）01星 巴西小型科学应用卫星（搭载）	1999.10.14	太原	成功
68	长征二号F（首飞）	神舟一号无人飞船	1999.11.20	酒泉	成功
69	长征三号甲	中星二十二号通信卫星	2000.01.26	西昌	成功
70	长征三号	风云二号气象卫星B星	2000.06.25	西昌	成功

续表

序号	运载火箭名称	航天器名称	起飞时间	发射场	结果
71	长征四号乙	资源二号卫星01星	2000.09.01	太原	成功
72	长征三号甲	北斗一号导航试验卫星01星	2000.10.31	西昌	成功
73	长征三号甲	北斗一号导航试验卫星02星	2000.12.21	西昌	成功
74	长征二号F	神舟二号无人飞船	2001.01.10	酒泉	成功
75	长征二号F	神舟三号无人飞船	2002.03.25	酒泉	成功
76	长征四号乙	风云一号气象卫星D星（一箭双星）	2002.05.15	太原	成功
		海洋一号A卫星（一箭双星）			
77	开拓者一号（首飞）	清华大学PS1小卫星	2002.09.15	太原	失败
78	长征四号乙	资源二号卫星02星	2002.10.27	太原	成功
79	长征二号F	神舟四号无人飞船	2002.12.30	酒泉	成功
80	长征三号甲	北斗一号导航试验卫星03星	2003.05.25	西昌	成功
81	开拓者一号	清华大学PS2小卫星	2003.09.16	太原	失败
82	长征二号F	神舟五号载人飞船	2003.10.15	酒泉	成功
83	长征四号乙	中巴地球资源卫星（资源一号卫星）02星	2003.10.21	太原	成功
		创新一号卫星01星（搭载）			
84	长征二号丁	第18颗返回式卫星	2003.11.03	酒泉	成功
85	长征三号甲	中星二十号通信卫星	2003.11.15	西昌	成功
86	长征二号丙/SM（首飞）	探测一号卫星	2003.12.30	西昌	成功
87	长征二号丙	试验卫星一号	2004.04.18	西昌	成功
		NS-1号（纳星一号）卫星（搭载）			
88	长征二号丙/SM	探测二号卫星	2004.07.25	太原	成功
89	长征二号丙	第19颗返回式卫星	2004.08.29	酒泉	成功

序号	运载火箭名称	航天器名称	起飞时间	发射场	结果
90	长征四号乙	实践六号01组A星（一箭双星）	2004.09.09	太原	成功
		实践六号01组B星（一箭双星）			
91	长征二号丁	第20颗返回式卫星	2004.09.27	酒泉	成功
92	长征三号甲	风云二号气象卫星C星	2004.10.19	西昌	成功
93	长征四号乙	资源二号卫星03星	2004.11.06	太原	成功
94	长征二号丙	试验卫星二号	2004.11.18	西昌	成功
95	长征三号乙	亚太六号通信卫星	2005.04.12	西昌	成功
96	开拓者一号	清华大学PS3小卫星	2005.06.09	太原	失败
97	长征二号丁	实践七号科学试验卫星	2005.07.06	酒泉	成功
98	长征二号丙	第21颗返回式卫星	2005.08.02	酒泉	成功
99	长征二号丁	第22颗返回式卫星	2005.08.29	酒泉	成功
100	长征二号F	神舟六号载人飞船	2005.10.12	酒泉	成功
101	长征四号丙（首飞）	遥感卫星一号	2006.04.27	太原	成功
102	长征二号丙	实践八号育种卫星	2006.09.09	酒泉	成功
103	长征三号甲	中星二十二号A通信卫星	2006.09.13	西昌	成功
104	长征四号乙	实践六号02组卫星A星（一箭双星）	2006.10.24	太原	成功
		实践六号02组卫星B星（一箭双星）			
105	长征三号乙	鑫诺二号通信卫星	2006.10.29	西昌	成功
106	长征三号甲	风云二号气象卫星D星	2006.12.08	西昌	成功
107	长征三号甲	北斗一号导航试验卫星04星	2007.02.03	西昌	成功
108	长征二号丙	海洋一号卫星B卫星	2007.04.11	太原	成功
109	长征三号甲	第1颗北斗导航卫星	2007.04.14	西昌	成功
110	长征三号乙	尼日利亚通信卫星一号	2007.05.14	西昌	成功

序号	运载火箭名称	航天器名称	起飞时间	发射场	结果
111	长征二号丁	遥感卫星二号	2007.05.25	酒泉	成功
		皮星一号（搭载）			
112	长征三号甲	鑫诺三号通信卫星	2007.06.01	西昌	成功
113	长征三号乙	中星六号B通信卫星	2007.07.05	西昌	成功
114	长征四号乙	中巴地球资源卫星（资源一号卫星）02B星	2007.09.19	太原	成功
115	长征三号甲	嫦娥一号月球探测卫星	2007.10.24	西昌	成功
116	长征四号丙	遥感卫星三号	2007.11.12	西昌	成功
117	长征三号丙（首飞）	天链一号中继卫星01星	2008.04.25	西昌	成功
118	长征四号丙	风云三号气象卫星A星	2008.05.27	太原	成功
119	长征三号乙	中星九号通信卫星	2008.06.09	西昌	成功
120	长征二号丙SMA	环境减灾卫星一号A、B星（一箭双星）	2008.09.06	太原	成功
121	长征二号F	神舟七号载人飞船	2008.09.25	酒泉	成功
		神舟七号飞船伴飞星（9月27日释放）			
122	长征四号乙	实践六号03组卫星A星（一箭双星）	2008.10.25	太原	成功
		实践六号03组卫星B星（一箭双星）			
123	长征三号乙	委内瑞拉一号通信卫星（玻利瓦尔号）	2008.10.30	西昌	成功
124	长征二号丁	创新一号卫星02星（一箭双星）	2008.11.05	酒泉	成功
		试验卫星三号（一箭双星）			
125	长征二号丁	遥感卫星四号	2008.12.01	酒泉	成功
126	长征四号乙	遥感卫星五号	2008.12.15	太原	成功
127	长征三号甲	风云二号气象卫星E星	2008.12.23	西昌	成功

序号	运载火箭名称	航天器名称	起飞时间	发射场	结果
128	长征三号丙	第2颗北斗导航卫星	2009.04.15	西昌	成功
129	长征二号丙	遥感卫星六号	2009.04.22	太原	成功
130	长征三号乙	印尼帕拉帕D通信卫星	2009.08.31	西昌	成功
131	长征二号丙	实践十一号卫星01星	2009.11.12	酒泉	成功
132	长征二号丁	遥感卫星七号	2009.12.09	酒泉	成功
133	长征四号丙	遥感卫星八号 希望一号卫星（搭载）	2009.12.15	太原	成功
134	长征三号丙	第3颗北斗导航卫星	2010.01.17	西昌	成功
135	长征四号丙	遥感卫星九号	2010.03.05	酒泉	成功
136	长征三号丙	第4颗北斗导航卫星	2010.06.02	西昌	成功
137	长征二号丁	实践十二号卫星	2010.06.15	酒泉	成功
138	长征三号甲	第5颗北斗导航卫星	2010.08.01	西昌	成功
139	长征四号丙	遥感卫星十号	2010.08.10	太原	成功
140	长征二号丁	天绘一号卫星	2010.08.24	酒泉	成功
141	长征三号乙	鑫诺六号通信卫星	2010.09.05	西昌	成功
142	长征二号丁	遥感卫星十一号 皮星一号A01、02星（搭载）	2010.09.22	酒泉	成功
143	长征三号丙	嫦娥二号月球探测卫星	2010.10.01	西昌	成功
144	长征四号乙	实践六号04组卫星A星（一箭双星） 实践六号04组卫星B星（一箭双星）	2010.10.06	太原	成功
145	长征三号丙	第6颗北斗导航卫星	2010.11.01	西昌	成功
146	长征四号丙	风云三号气象卫星B星	2010.11.05	太原	成功
147	长征三号甲	中星20号A卫星	2010.11.25	西昌	成功
148	长征三号甲	第7颗北斗导航卫星	2010.12.18	西昌	成功
149	长征三号甲	第8颗北斗导航卫星	2011.04.10	西昌	成功
150	长征三号乙	中星十号通信卫星	2011.06.21	西昌	成功

续表

序号	运载火箭名称	航天器名称	起飞时间	发射场	结果
151	长征二号丙	实践十一号卫星03星	2011.07.06	酒泉	成功
152	长征三号丙	天链一号中继卫星02星	2011.07.11	西昌	成功
153	长征三号甲	第9颗北斗导航卫星	2011.07.27	西昌	成功
154	长征二号丙	实践十一号卫星02星	2011.07.29	酒泉	成功
155	长征三号乙	巴基斯坦通信卫星1R	2011.08.12	西昌	成功
156	长征四号乙	海洋二号卫星A星	2011.08.16	太原	成功
157	长征二号丙	实践十一号卫星04星	2011.08.18	酒泉	失败
158	长征三号乙	中星一号A通信卫星	2011.09.19	西昌	成功
159	长征二号FT1（首飞）	天宫一号目标飞行器	2011.09.29	酒泉	成功
160	长征三号乙	W3C通信卫星	2011.10.07	西昌	成功
161	长征二号F	神舟八号飞船	2011.11.01	酒泉	成功
162	长征四号乙	遥感卫星十二号 天巡一号（NHTX-1）卫星（搭载）	2011.11.09	太原	成功
163	长征二号丁	创新一号卫星03星（一箭双星） 试验卫星四号（一箭双星）	2011.11.20	酒泉	成功
164	长征二号丙	遥感卫星十三号	2011.11.30	太原	成功
165	长征三号甲	第10颗北斗导航卫星	2011.12.02	西昌	成功
166	长征三号乙	尼日利亚通信卫星1R	2011.12.20	西昌	成功
167	长征四号乙	资源一号卫星02C星	2011.12.22	太原	成功
168	长征四号乙	资源三号卫星 卢森堡VesseLSat-2小卫星（搭载）	2012.01.09	太原	成功
169	长征三号甲	风云二号气象卫星F星	2012.01.13	西昌	成功
170	长征三号丙	第11颗北斗导航卫星	2012.02.25	西昌	成功
171	长征三号乙	亚太七号通信卫星	2012.03.31	西昌	成功

续表

序号	运载火箭名称	航天器名称	起飞时间	发射场	结果
172	长征三号乙	第12、13颗北斗导航卫星（一箭双星）	2012.04.30	西昌	成功
173	长征二号丁	天绘一号卫星02星	2012.05.06	酒泉	成功
174	长征四号乙	遥感卫星十四号	2012.05.10	太原	成功
		天拓一号卫星（搭载）			
175	长征三号乙	中星二号A通信卫星	2012.05.26	西昌	成功
176	长征四号丙	遥感卫星十五号	2012.05.29	太原	成功
177	长征二号F改	神舟九号载人飞船	2012.06.16	酒泉	成功
178	长征三号丙	天链一号中继卫星03星	2012.07.25	西昌	成功
179	长征三号乙	第14、15颗北斗导航卫星（一箭双星）	2012.09.19	西昌	成功
180	长征二号丁	委内瑞拉遥感卫星一号（米兰达号）	2012.09.29	酒泉	成功
181	长征二号丙	实践九号卫星A、B星（一箭双星）	2012.10.14	太原	成功
182	长征三号丙	第16颗北斗导航卫星	2012.10.25	西昌	成功
183	长征二号丙	环境减灾卫星一号C星（一箭3星）	2012.11.19	太原	成功
		新技术验证一号卫星（一箭3星）			
		蜂鸟一号（一箭3星）			
184	长征四号丙	遥感卫星十六号	2012.11.25	酒泉	成功
185	长征三号乙	中星十二号通信卫星	2012.11.27	西昌	成功
186	长征二号丁	土耳其GK-2地球观测卫星	2012.12.19	酒泉	成功
187	长征二号丁	高分一号卫星	2013.04.26	酒泉	成功
		TurkSat-3USat立方星（搭载）			
		NEE-01"珀伽索斯"立方星（搭载）			
		CubeBug-1"贝托舰长"立方星（搭载）			

续表

序号	运载火箭名称	航天器名称	起飞时间	发射场	结果
188	长征三号乙	中星十一号通信卫星	2013.05.02	西昌	成功
189	长征二号F	神舟十号载人飞船	2013.06.11	酒泉	成功
190	长征二号丙	实践十一号卫星05星	2013.07.15	酒泉	成功
191	长征四号丙Y11	创新三号卫星（一箭3星） 试验七号卫星（一箭3星） 实践十五号卫星（一箭3星）	2013.07.20	太原	成功
192	长征四号丙	遥感卫星十七号	2013.09.02	酒泉	成功
193	长征四号丙	风云三号气象卫星C星	2013.09.23	太原	成功
194	快舟一号 （首飞）	快舟一号小型卫星	2013.9.25	酒泉	成功
195	长征四号乙	实践十六号卫星	2013.10.25	酒泉	成功
196	长征二号丙	遥感卫星十八号	2013.10.29	太原	成功
197	长征四号丙	遥感卫星十九号	2013.11.20	太原	成功
198	长征二号丁	试验卫星五号	2013.11.25	酒泉	成功
199	长征三号乙	嫦娥三号月球探测器	2013.12.02	西昌	成功
200	长征四号乙	中巴地球资源卫星（资源一号卫星）03星	2013.12.09	太原	失败
201	长征三号乙	玻利维亚图帕克·卡塔里1号通信卫星	2013.12.21	西昌	成功
202	长征二号丙	实践十一号卫星06星	2014.03.31	酒泉	成功
203	长征四号丙	遥感卫星二十号	2014.08.09	酒泉	成功
204	长征四号乙	高分二号卫星 波兰BRITE-PL-Heweliusz小卫星（搭载）	2014.08.19	太原	成功
205	长征二号丁	创新一号卫星04星 灵巧通信试验卫星（搭载）	2014.09.04	酒泉	成功
206	长征四号乙	遥感卫星二十一号 天拓二号小卫星（搭载）	2014.09.08	太原	成功

序号	运载火箭名称	航天器名称	起飞时间	发射场	结果
207	长征二号丙	实践十一号卫星07星	2014.09.28	酒泉	成功
208	长征四号丙	遥感卫星二十二号	2014.10.20	太原	成功
209	长征三号丙	嫦娥五号再入返回飞行试验器 卢森堡4M小卫星（搭载） 探月计划"口袋飞船"微型试验飞行器PS86X1（搭载）	2014.10.24	西昌	成功
210	长征二号丙	实践十一号卫星08星	2014.10.27	酒泉	成功
211	长征二号丙	遥感卫星二十三号	2014.11.15	太原	成功
212	长征二号丁	遥感卫星二十四号	2014.11.20	酒泉	成功
213	快舟一号	快舟二号小型卫星	2014.11.21	酒泉	成功
214	长征四号乙	中巴地球资源卫星（资源一号卫星）04星	2014.12.07	太原	成功
215	长征四号丙	遥感卫星二十五号	2014.12.11	酒泉	成功
216	长征四号乙	遥感卫星二十六号	2014.12.27	太原	成功
217	长征三号甲	风云二号气象卫星G星	2014.12.31	西昌	成功
218	长征三号丙/远征一号上面级（首飞）	第17颗（新一代首颗）北斗导航卫星	2015.03.30	西昌	成功
219	长征四号乙	高分八号卫星	2015.06.26	太原	成功
220	长征三号乙/远征一号上面级	第18、19颗（新一代第2、3颗）北斗导航卫星（一箭双星）	2015.07.25	西昌	成功
221	长征四号丙	遥感卫星二十七号	2015.08.27	太原	成功
222	长征三号乙	通信技术试验卫星1号01星	2015.09.12	西昌	成功
223	长征二号丁	高分九号卫星	2015.09.14	酒泉	成功
224	长征六号（首飞）	一箭20星	2015.09.20	太原	成功

续表

序号	运载火箭名称	航天器名称	起飞时间	发射场	结果
225	长征十一号（首飞）	浦江一号微小卫星（一箭4星）	2015.09.25	酒泉	成功
		上科大二号微小卫星（STU-2A、2B、2C）（一箭4星）			
226	长征三号乙	第20颗（新一代第4颗）北斗导航卫星	2015.09.30	西昌	成功
227	长征二号丁	吉林一号光学遥感卫星主星（一箭4星）	2015.10.07	酒泉	成功
		吉林一号视频卫星A星、B星（一箭4星）			
		吉林一号技术验证卫星（一箭4星）			
228	长征三号乙	亚太九号通信卫星	2015.10.17	西昌	成功
229	长征二号丁	天绘一号卫星03星	2015.10.26	酒泉	成功
230	长征三号乙	中星二号C通信卫星	2015.11.04	西昌	成功
231	长征四号乙	遥感卫星二十八号	2015.11.08	太原	成功
232	长征三号乙	老挝一号通信卫星	2015.11.21	西昌	成功
233	长征四号丙	遥感卫星二十九号	2015.11.27	太原	成功
234	长征三号乙	中星一号C通信卫星	2015.12.10	西昌	成功
235	长征二号丁	暗物质粒子探测卫星悟空号	2015.12.17	酒泉	成功
236	长征三号乙	高分四号卫星	2015.12.29	西昌	成功
237	长征三号乙	白俄罗斯通信卫星一号	2016.01.16	西昌	成功
238	长征三号丙	第21颗（新一代第5颗）北斗导航卫星	2016.02.01	西昌	成功
239	长征三号甲	第22颗北斗导航卫星	2016.03.30	西昌	成功
240	长征二号丁	实践十号返回式空间科学实验卫星	2016.04.08	酒泉	成功
241	长征二号丁	遥感卫星三十号	2016.05.15	酒泉	成功

序号	运载火箭名称	航天器名称	起飞时间	发射场	结果
242	长征四号乙	资源三号卫星02星	2016.05.30	太原	成功
		2颗乌拉圭NewSat小卫星（搭载）			
243	长征三号丙	第23颗北斗导航卫星	2016.06.12	西昌	成功
244	长征七号（首飞）/远征一号A上面级（首飞）	多用途飞船缩比返回舱	2016.06.25	文昌	成功
		遨龙一号空间碎片主动清理飞行器			
		2个天鸽飞行器			
		在轨加注实验装置			
		翱翔之星			
245	长征四号乙	实践十六号卫星02星	2016.06.29	酒泉	成功
246	长征三号乙	天通一号01星	2016.08.06	西昌	成功
247	长征四号丙	高分三号卫星	2016.08.10	太原	成功
248	长征二号丁	量子科学实验卫星墨子号	2016.08.16	酒泉	成功
		稀薄大气科学实验卫星			
		西班牙科学实验小卫星			
249	长征四号丙	高分十号卫星	2016.09.01	太原	失败
250	长征二号F	天宫二号空间实验室	2016.09.15	酒泉	成功
		天宫二号伴随卫星（10月23日从天宫二号上成功释放）			
251	长征二号F	神舟十一号载人飞船	2016.10.17	酒泉	成功
252	长征五号（首飞）/远征二号上面级（首飞）	实践十七号	2016.11.03	文昌	成功
253	长征十一号	一箭5星	2016.11.10	酒泉	成功
254	长征二号丁	云海一号01星	2016.11.12	酒泉	成功
255	长征三号丙	天链一号04星	2016.11.22	西昌	成功
256	长征三号乙	风云四号A试验气象卫星、01星	2016.12.11	西昌	成功

序号	运载火箭名称	航天器名称	起飞时间	发射场	结果
257	长征二号丁	全球二氧化碳监测科学实验卫星 高分微纳卫星CX-6（02）（搭载） 光谱微纳卫星SPARK01、SPARK02（搭载）	2016.12.22	酒泉	成功
258	长征二号丁	高景一号01、02星 八一·少年行卫星（搭载）	2016.12.28	太原	部分成功
259	长征三号乙	通信技术试验卫星2号	2017.01.05	西昌	成功
260	快舟一号甲（首飞）	吉林一号灵巧视频03星（吉林林业一号卫星）（一箭3星） 行云试验一号（一箭3星） 盾凯一号（一箭3星）	2017.01.09	酒泉	成功
261	开拓二号（首飞）	天鲲一号新技术试验卫星	2017.03.03	酒泉	成功
262	长征三号乙	实践十三号卫星（中星16号）	2017.04.12	西昌	成功
263	长征七号	天舟一号货运飞船 丝路一号科学试验卫星01星	2017.04.20	文昌	成功
264	长征四号乙	硬X射线调制望远镜卫星"慧眼号" Satellogic公司小卫星（搭载） 珠海一号遥感微纳卫星星座A、B星（搭载）	2017.06.15	酒泉	成功
265	长征三号乙	中星九号A广播电视直播卫星（鑫诺四号）	2017.06.19	西昌	部分成功
266	长征五号	实践十八号技术试验通信卫星	2017.07.02	文昌	失败
267	长征二号丙	遥感三十号01组01、02、03星（一箭3星）	2017.09.29	西昌	成功

序号	运载火箭名称	航天器名称	起飞时间	发射场	结果
268	长征二号丁	委内瑞拉遥感二号卫星（苏克雷号）	2017.10.09	酒泉	成功
269	长征三号乙	第24、25颗北斗导航卫星（一箭双星）	2017.11.05	西昌	成功
270	长征四号丙	风云三号气象卫星D星	2017.11.15	太原	成功
271	长征六号	吉林一号卫星04、05、06星（一箭3星）	2017.11.21	太原	成功
272	长征二号丙	遥感三十号02组04、05、06星（一箭3星）	2017.11.25	西昌	成功
273	长征二号丁	陆地勘查卫星一号	2017.12.03	酒泉	成功
274	长征三号乙	阿尔及利亚一号通信卫星	2017.12.11	西昌	成功
275	长征二号丁	陆地勘查卫星二号	2017.12.23	酒泉	成功
276	长征二号丙	遥感三十号03组卫星07、08、09（一箭3星）	2017.12.26	西昌	成功
277	长征二号丁	高景一号03、04星（一箭双星）	2018.01.09	太原	成功
278	长征三号乙/远征一号上面级	第26、27颗北斗导航卫星（一箭双星）	2018.01.12	西昌	成功
279	长征二号丁	陆地勘察卫星三号	2018.01.13	酒泉	成功
280	长征十一号	一箭6星	2018.01.19	酒泉	成功
281	长征二号丙	遥感卫星三十号04组（A、B、C）（一箭4星）	2018.01.25	西昌	成功
		微纳-1A卫星（一箭4星）			
282	长征二号丁	张衡一号01星	2018.02.02	酒泉	成功
		风马牛FMN-1（翎客航天3U立体星）（搭载）			
		少年星一号（九天微星3U立体星）（搭载）			
		NewSat-4、NewSat-5（搭载）			
		GOMX-4A、GOMX-4B（搭载）			

序号	运载火箭名称	航天器名称	起飞时间	发射场	结果
283	长征三号乙/远征一号上面级	第28、29颗北斗导航卫星（一箭双星）	2018.02.12	西昌	成功
284	长征二号丁	陆地勘查卫星四号	2018.03.17	酒泉	成功
285	长征三号乙	第30、31颗北斗导航卫星（一箭双星）	2018.03.30	西昌	成功
286	长征四号丙	高分一号02、03、04星（一箭3星）	2018.03.31	太原	成功
287	长征四号丙	遥感卫星三十一号01组A、B、C卫星、微纳技术试验卫星（一箭4星）	2018.04.10	酒泉	成功
288	长征十一号	"珠海一号"星座02组OHS-01（青科大一号）、02、03（贵阳一号）、04、OVS-2（一箭5星）	2018.04.26	酒泉	成功
289	长征三号乙	亚太6C通信卫星	2018.05.04	西昌	成功
290	长征四号丙	高分五号卫星	2018.05.09	太原	成功
291	长征四号丙	嫦娥四号中继卫星鹊桥号 月球轨道超长波天文观测微卫星龙江1号、2号（搭载）	2018.05.21	西昌	成功
292	长征二号丁	高分六号卫星	2018.06.02	酒泉	成功
293	长征三号甲	风云二号气象卫星H星	2018.06.05	西昌	成功
294	长征二号丙	新技术试验A星、B星（一箭双星）	2018.06.27	西昌	成功
295	长征二号丙	巴基斯坦遥感卫星一号（一箭双星） 巴基斯坦科学实验卫星PAKTES-1A（一箭双星）	2018.07.09	酒泉	成功
296	长征三号甲	第32颗北斗导航卫星	2018.07.10	西昌	成功
297	长征三号乙/远征一号上面级	第33、34颗北斗导航卫星（一箭双星）	2018.07.29	西昌	成功

序号	运载火箭名称	航天器名称	起飞时间	发射场	结果
298	长征四号乙	高分十一号卫星	2018.07.31	太原	成功
299	长征三号乙/远征一号上面级	第35、36颗北斗导航卫星（一箭双星）	2018.08.25	西昌	成功
300	星际荣耀	北京零重空间 EREBUS-1 立方星	2018.09.05	酒泉	成功
		成都国星宇航天府军融一号（TFJR-1）立方星			
		成都国星宇航高新一号（CDGX-1）立方星			
301	长征二号丙	海洋一号卫星C星	2018.09.07	太原	成功
302	长征三号乙/远征一号上面级	第37、38颗北斗导航卫星（一箭双星）	2018.09.19	西昌	成功
303	快舟一号甲	微厘空间一号试验卫星（向日葵1号S1星）	2018.09.29	酒泉	成功
304	长征二号丙/远征一号S上面级（首飞）	遥感卫星三十二号01组A星、B星（一箭双星）	2018.10.09	酒泉	成功
305	长征三号乙/远征一号上面级	第39、40颗北斗导航卫星）（一箭双星）	2018.10.15	西昌	成功
306	长征四号乙	海洋二号B星	2018.10.25	太原	成功
307	朱雀一号	央视"未来号"卫星	2018.10.27	酒泉	失败
308	长征二号丙	中法海洋卫星	2018.10.29	酒泉	成功
		白俄罗斯科教小卫星、BSUSat-1（搭载）			
		天启一号（搭载）			
		潇湘一号02星TY1-02（搭载）、星河号TY1-03星（搭载）、长沙高新号TY4-01星（搭载）、铜川一号TY4-02星（搭载）			

续表

序号	运载火箭名称	航天器名称	起飞时间	发射场	结果
309	长征三号乙	第41颗北斗导航卫星	2018.11.01	西昌	成功
310	长征三号乙/乙远征一号上面级	（第42、43颗北斗导航卫星）（一箭双星）	2018.11.19	西昌	成功
311	长征二号丁Y28	试验六号卫星（一箭5星） 天平一号A、B星（搭载）（一箭5星） 嘉定一号卫星（一箭5星） 天智一号软件定义卫星（搭载）（一箭5星）	2018.11.20	酒泉	成功
312	长征二号丁	沙特-5A、5B卫星 瓢虫一号星（娱乐星）、二号星（猫王收音机之星）、三号星（华米星）、四号星、五号星（立可达教育卫星）、六号星（天猫国际号通信卫星）、七号星（RE:X号公益卫星） 天府国星二号、天府星河号、TY/DF-1星	2018.12.07	酒泉	成功
313	长征三号乙	嫦娥四号月球探测器	2018.12.08	西昌	成功
314	长征十一号	虹云工程技术验证卫星	2018.12.22	酒泉	成功
315	长征三号丙	通信技术试验卫星3号	2018.12.25	西昌	成功
316	长征二号丁/远征三号上面级（首飞）	6颗云海二号卫星（一箭7星） 鸿雁星座试验星（重庆号）（一箭7星）	2018.12.29	酒泉	成功
317	长征三号乙	中星2D通信卫星	2019.01.11	西昌	成功
318	长征十一号	吉林一号光谱01星（吉林林草一号） 吉林一号光谱02星（文昌超算一）	2019.01.21	酒泉	成功

序号	运载火箭名称	航天器名称	起飞时间	发射场	结果
		灵鹊-1A星（搭载）			
		潇湘一号03星（青腾之星）（搭载）			
319	长征三号乙	中星6C通信卫星	2019.03.10	西昌	成功
320	重庆·两江之星OS-M	灵鹊-B卫星	2019.03.27	酒泉	失败
321	长征三号乙	天链二号01星	2019.03.31	西昌	成功
322	长征三号乙	第44颗北斗导航卫星	2019.04.20	西昌	成功
323	长征四号乙	天绘二号01组（A星、B星）（一箭双星）	2019.04.30	太原	成功
324	长征三号丙	第45颗北斗导航卫星	2019.05.17	西昌	成功
325	长征四号丙	遥感三十三号卫星	2019.05.23	太原	失败
326	长征十一号	捕风一号A星、B星（一箭7星）	2019.06.05	黄海（太原卫星发射中心组织实施）	成功
		吉林一号高分03A星（一箭7星）			
		娄号（潇湘一号04星）（一箭7星）			
		天启三号（一箭7星）			
		中电网通一号A星（天象试验1星）、B星（天象试验2星）（一箭7星）			
327	长征三号乙	第46颗北斗导航卫星	2019.06.25	西昌	成功
328	双曲线一号遥一长安欧尚号	气球卫星	2019.07.25	酒泉	成功
		北理工1号（BP-1B）			
		星时代-6载荷			
		西瓜创客载荷Cube-X1			
		某实验验证载荷等3个末子级载荷			

续表

序号	运载火箭名称	航天器名称	起飞时间	发射场	结果
329	长征二号丙	创新五号（遥感卫星三十号05组3颗卫星）（一箭3星）	2019.07.26	西昌	成功
330	捷龙一号（首飞）	千乘一号01星（一箭3星）	2019.08.17	酒泉	成功
		三星堆（星时代-5）AI卫星（一箭3星）			
		天启二号卫星（一箭3星）			
331	长征三号乙	中星十八号	2019.08.19	西昌	成功
332	快舟一号甲	微重力技术实验卫星太极一号（一箭双星）	2019.08.31	酒泉	成功
		潇湘一号07卫星（一箭双星）			
333	长征四号乙	资源一号02D金牛座纳星	2019.09.12	太原	成功
		京师一号（冰路卫星）			
		金牛座纳星			
334	长征十一号	珠海一号03组5颗卫星（西海岸一号OHS-3A、飞天茅台号OHS-3B、高密一号OHS-3C、国缘V9号OHS-3D、春蕾计划之星OVS-3）	2019.09.19	酒泉	成功
335	长征三号乙/乙远征一号上面级	第47、48颗北斗导航卫星（一箭双星）	2019.09.23	西昌	成功
336	长征二号丁	云海一号02星	2019.09.25	酒泉	成功
337	长征四号丙	高分十号卫星	2019.10.05	太原	成功
338	长征三号乙	通信技术试验卫星四号	2019.10.17	西昌	成功
339	长征四号乙	高分七号卫星	2019.11.03	太原	成功
		精致高分试验卫星			
		苏丹科学实验卫星一号			
		天仪十五号卫星			
		黄埔一号卫星载荷			

序号	运载火箭名称	航天器名称	起飞时间	发射场	结果
340	长征三号乙	第49颗北斗导航卫星	2019.11.05	西昌	成功
341	快舟一号甲	吉林一号高分02A星	2019.11.13	酒泉	成功
342	长征六号	宁夏一号（钟子号卫星）5颗卫星（一箭5星）	2019.11.13	太原	成功
343	快舟一号甲	全球多媒体卫星系统 α 阶段A、B卫星（一箭双星）	2019.11.17	酒泉	成功
344	长征三号/乙远征一号上面级	第50、51颗北斗导航卫星（一箭双星）	2019.11.23	西昌	成功
345	长征四号丙	高分十二号卫星	2019.11.28	太原	成功
346	快舟一号甲	吉林一号高分02B卫星	2019.12.7	太原	成功
347	快舟一号甲	和德二号A、B卫星（一箭6星） 天仪16、17卫星（一箭6星） 天启四号A、B卫星（一箭6星）	2019.12.7	太原	成功
348	长征三号乙/远征一号上面级	第52、53颗北斗导航卫星（一箭双星）	2019.12.16	西昌	成功
349	长征四号乙	中巴地球资源卫星（资源一号卫星）04A卫星（一箭9星） 埃塞俄比亚微小卫星（首颗援外出口星）（一箭9星） 天琴一号技术试验卫星（一箭9星） 玉衡号空间路由器试验卫星（一箭9星） 顺天号空间路由器试验卫星（一箭9星） 仪征一号（天雁01）卫星（一箭9星）	2019.12.20	太原	成功

续表

序号	运载火箭名称	航天器名称	起飞时间	发射场	结果
		星时代-8（天雁02）卫星（一箭9星）			
		中原金水一号（未来号-1R）（一箭9星）			
		巴西1U小卫星（搭载）（一箭9星）			
350	长征五号	实践二十号	2019.12.27	文昌	成功
351	长征三号乙	通信技术试验卫星五号	2020.01.07	西昌	成功
352	长征二号丁	吉林一号宽幅01星	2020.01.15	太原	成功
		Newsat-7（搭载）			
		Newsat-8（搭载）			
		天启星座05低轨物联网卫星（人民1号）（搭载）			
353	快舟一号甲	银河航天首发星	2020.01.16	酒泉	成功
354	长征二号丁	新技术试验卫星C、D星（一箭4星）	2020.02.20	西昌	成功
		新技术试验卫星E星（一箭4星）			
		新技术试验卫星F星（一箭4星）			
355	长征三号乙	第54颗北斗导航卫星	2020.03.09	西昌	成功
356	长征七号甲（首飞）	新技术试验卫星六号	2020.03.16	文昌	失败
357	长征二号丙	遥感三十号06组3颗（一箭3星）	2020.03.24	西昌	成功
368	长征三号乙	印度尼西亚PALAPA-N1卫星	2020.04.09	西昌	失败
359	长征五号B	新一代载人飞船试验船	2020.05.05	文昌	成功
		柔性充气式货物返回舱试验舱			异常

序号	运载火箭名称	航天器名称	起飞时间	发射场	结果
360	快舟一号	行云二号01星（行云·武汉号）、02星（一箭双星）	2020.05.12	酒泉	成功
361	长征十一号	新技术试验卫星G星（一箭双星）	2020.05.30	西昌	成功
		新技术试验卫星H星（一箭双星）			
362	长征二号丁	高分九号02星（一箭双星）	2020.05.31	酒泉	成功
		和德四号卫星（一箭双星）			
363	长征二号丙	海洋一号卫星D星	2020.06.11	太原	成功
364	长征二号丁	高分九号03星	2020.06.17	酒泉	成功
		皮星三号A星（搭载）			
		和德五号卫星（搭载）			
365	长征三号乙	第55颗北斗导航卫星	2020.06.23	西昌	成功
366	长征四号乙	高分多模卫星	2020.07.03	太原	成功
		八一02星（西柏坡号）（搭载）			
367	长征二号丁	试验六号02星	2020.07.05	酒泉	成功
368	长征三号乙	亚太6D通信卫星	2020.07.09	西昌	成功
369	快舟十一号	吉林一号高分02E星（哔哩哔哩视频卫星）	2020.07.10	酒泉	失败
		微厘空间一号系统S2星（搭载）			
370	长征五号	天问一号火星探测器	2020.07.23	文昌	成功
371	长征四号乙	资源三号03星	2020.07.25	太原	成功
		龙虾眼X射线探测卫星（搭载）			
		天启星座一零星（搭载）			
372	长征二号丁	高分九号04星	2020.08.06	酒泉	成功
		清华重力与大气科学卫星			

续表

序号	运载火箭名称	航天器名称	起飞时间	发射场	结果
373	长征二号丁	高分九号05星 多功能试验卫星（搭载） 天拓五号卫星（搭载）	2020.08.23	酒泉	成功
374	长征二号F	可重复使用试验航天器	2020.09.04	酒泉	成功
375	长征四号乙	高分十一号02星	2020.09.07	太原	成功
376	快舟一号甲	吉林一号高分02C星（内蒙古1号）	2020.09.12	酒泉	失败
377	长征十一号	吉林一号高分03C-1（哔哩哔哩视频卫星）、03C-2（央视频号）03C-3（一箭9星） 6颗推扫成像模式卫星（一箭9星）	2020.09.15	黄海（太原卫星发射中心组织实施）	成功
378	长征四号乙	海洋二号卫星C星	2020.09.21	酒泉	成功
379	长征四号乙	环境减灾卫星二号01组卫星A、B星（一箭双星）	2020.09.27	太原	成功
380	长征三号乙	高分十三号卫星	2020.10.12	西昌	成功
381	长征二号丙	遥感卫星三十号07组3颗（一箭3星） 天启星座06星（搭载）	2020.10.26	西昌	成功
382	长征六号	NewSat9-18卫星10颗遥感小卫星（一箭13星） 电子科技大学号（星时代-12/天雁05）（一箭13星）（搭载） 北航空事卫星一号（一箭13星）（搭载） 八一03星（太原号）（一箭13星）（搭载）	2020.11.06	太原	成功

序号	运载火箭名称	航天器名称	起飞时间	发射场	结果
383	谷神星一号（遥一）（简阳号）	天启十一星	2020.11.07	酒泉	成功
384	长征三号乙	天通一号02星	2020.11.12	西昌	成功
385	长征五号	嫦娥五号月球探测器（12月3日嫦娥五号上升器起飞进入到近月点环月轨道）	2020.11.24	文昌	
386	长征三号乙改5（首飞）	高分十四号卫星	2020.12.06	西昌	成功
387	长征十一号	引力波暴高能电磁对应体全天监测器卫星2颗小卫星（怀柔一号）	2020.12.10	西昌	成功
388	长征八号	新技术试验七号卫星（一箭5星） 海丝一号卫星（一箭5星） 元光号卫星（一箭5星） 天启星座08星（一箭5星） 智星一号A星（一箭5星）	2020.12.22	文昌	成功
389	长征四号丙	遥感卫星三十三号 微纳技术试验卫星（搭载）	2020.12.27	酒泉	成功
390	长征三号乙	天通一号03星	2021.01.20	西昌	成功
391	长征四号丙	遥感卫星三十一号02组卫星3颗（一箭3星）	2021.01.29	酒泉	成功
392	双曲线一号（徐冰天书号）	《天书》纯金属魔方 方舟二号6U立方体技术试验卫星	2021.02.01	酒泉	失败
393	长征三号乙	通信技术试验卫星六号	2021.02.04	西昌	成功
394	长征四号丙	遥感卫星三十一号03组卫星3颗（一箭3星）	2021.02.24	酒泉	成功

续表

序号	运载火箭名称	航天器名称	起飞时间	发射场	结果
395	长征七号改	试验九号	2021.03.12	文昌	成功
396	长征四号丙	遥感卫星三十一号04组卫星3颗（一箭3星）	2021.03.13	酒泉	成功
397	长征四号丙	高分十二号02星	2021.03.31	酒泉	成功
398	长征四号乙	试验六号03星	2021.04.09	太原	成功
399	长征六号	齐鲁一号卫星 齐鲁四号卫星 佛山一号卫星 中安国通一号卫星（搭载） 天启星座09星（搭载） 起源太空NEO-1卫星（搭载） 泰景二号01星（搭载） 金紫荆一号卫星（搭载） 灵鹊一号D02卫星（搭载）	2021.04.27	太原	成功
400	长征五号B	"天和"核心舱	2021.04.29	文昌	成功
401	长征四号丙	遥感三十四号卫星	2021.4.30	酒泉	成功
402	长征二号丙	遥感三十号08组卫星	2021.5.7	西昌	成功
403	长征四号乙	海洋二号D星	2021.5.19	酒泉	成功
404	长征七号	天舟二号货运飞船	2021.5.29	文昌	成功
405	长征三号乙	风云四号B星	2021.6.3	西昌	成功
406	长征二号丁	北京三号 海丝二号（搭载） 仰望一号（搭载） 太空试验1号天健卫星（搭载）	2021.6.11	太原	成功
407	长征二号F	神舟十二号载人飞船	2021.6.17	酒泉	成功
408	长征二号丙	遥感三十号09组卫星	2021.6.18	西昌	成功

序号	运载火箭名称	航天器名称	起飞时间	发射场	结果
409	长征二号丁	吉林一号宽幅01B卫星	2021.7.3	太原	成功
		三颗吉林一号高分03D卫星（搭载）			
		星时代–10卫星（搭载）			
410	长征四号丙	风云三号05星	2021.7.5	酒泉	成功
411	长征三号丙	天链一号05星	2021.7.6	西昌	成功
412	长征六号	"钟字号"卫星星座02组卫星	2021.7.9	太原	成功
413	长征二号丙	遥感三十号10组	2021.7.19	酒泉	成功
414	长征二号丁	天绘一号04星	2021.7.29	酒泉	成功
415	长征六号	多媒体贝塔试验A/B卫星	2021.8.4	太原	成功
416	长征三号乙	中星2E卫星	2021.8.6	西昌	成功
417	长征四号乙	天绘二号02组卫星	2021.8.19	太原	成功
408	长征二号丙	3颗通信技术试验卫星	2021.8.24	酒泉	成功
419	长征三号乙	通信技术试验卫星七号	2021.8.24	西昌	成功
420	长征四号丙	高光谱观测卫星（高分五号02星）	2021.9.7	太原	成功
421	长征三号乙	中星9B卫星	2021.9.9	西昌	成功
422	长征七号	天舟三号货运飞船	2021.9.20	文昌	成功
423	长征三号	试验十号卫星	2021.9.27	西昌	成功
424	长征二号丁	太阳Hα光谱探测与双超平台科学技术试验卫星	2021.10.14	太原	成功
425	长征二号F	神舟十三号	2021.10.16	酒泉	成功
426	长征三号乙	实践二十号卫星	2021.10.24	西昌	成功
427	长征二号丙	遥感三十二号02组卫星	2021.11.3	西昌	成功
428	长征六号	广目地球科学卫星	2021.11.5	太原	成功
429	长征二号丁	遥感三十五号卫星A、B、C星	2021.11.6	西昌	成功
430	长征四号乙	高分十一号03星	2021.11.20	太原	成功
431	长征四号丙	高分三号02星	2021.11.23	酒泉	成功

续表

序号	运载火箭名称	航天器名称	起飞时间	发射场	结果
432	长征三号乙	中星1D卫星	2021.11.27	西昌	成功
433	长征四号乙	实践六号05组卫星	2021.12.10	酒泉	成功
434	长征三号乙	天链二号02星	2021.12.14	西昌	成功
435	长征七号A	试验十二号卫星01、02星	2021.12.23	文昌	成功
436	长征四号丙	资源一号02E卫星	2021.12.26	太原	成功
437	长征二号丁	天绘-4卫星	2021.12.29	酒泉	成功
438	长征三号乙	通信技术试验卫星九号	2021.12.30	西昌	成功
439	长征二号丁	试验十三号卫星	2022.1.17	太原	成功
440	长征四号丙	陆地探测一号01组A星	2022.1.26	酒泉	成功
441	长征四号丙	陆地探测一号01组B星	2022.2.27	酒泉	成功
442	长征八号	一箭22星	2022.2.27	文昌	成功
443	长征二号丙	银河航天02批6颗卫星	2022.3.5	西昌	成功
444	长征四号丙	遥感三十四号02星	2022.3.17	酒泉	成功
445	长征六号改（首飞）	浦江二号 天鲲二号	2022.3.29	太原	成功
446	长征十一号	天平二号A、B、C卫星	2022.3.30	酒泉	成功
447	长征四号丙	高分三号03星	2022.4.7	酒泉	成功
448	长征三号乙	中星6D卫星	2022.4.15	西昌	成功
449	长征四号丙	大气环境监测卫星	2022.4.16	太原	成功
450	长征四号丙	四维01、02卫星	2022.4.29	酒泉	成功
451	长征十一号	一箭5星	2022.4.30	黄海南部海域	成功
452	长征二号丁	吉林一号宽幅01C卫星 7颗吉林一号高分03D卫星（搭载）	2022.5.5	太原	成功
453	长征七号	天舟四号货运飞船	2022.5.10	文昌	成功
454	长征二号丙	3颗低轨通信试验卫星	2022.5.20	酒泉	成功

续表

序号	运载火箭名称	航天器名称	起飞时间	发射场	结果
455	长征二号丙	吉利星座01组卫星（一箭9星）	2022.6.2	西昌	成功
456	长征二号F	神舟十四号载人飞船	2022.6.5	酒泉	成功
457	长征二号丁	遥感三十五号02组卫星	2022.6.23	西昌	成功
458	长征四号丙	高分十二号03星	2022.6.27	酒泉	成功
459	长征三号乙	天链二号03星	2022.7.13	西昌	成功
460	长征二号丙	四维高景二号01、02星	2022.7.16	太原	成功
461	长征五号B	问天实验舱	2022.7.24	文昌	成功
462	长征二号丁	遥感三十五号03组卫星	2022.7.29	西昌	成功
463	长征四号乙	陆地生态系统碳监测卫星 交通四号卫星（搭载） 闵行少年星（搭载）	2022.8.4	太原	成功
464	长征二号F	可重复使用飞行器	2022.8.5	酒泉	成功
465	谷神星一号	泰景一号01、02星 东海一号卫星	2022.8.9	酒泉	成功
466	长征六号	一箭16星	2022.8.10	太原	成功
467	长征二号丁	遥感三十五号04组卫星	2022.8.20	西昌	成功
468	长征二号丁	北京三号B星	2022.8.24	太原	成功
469	长征四号丙	遥感三十三号02星	2022.9.3	酒泉	成功
470	长征二号丁	遥感三十五号05组卫星	2022.9.6	西昌	成功
471	长征七号A	中星1E卫星	2022.9.13	文昌	成功
472	长征二号丁	云海一号03星	2022.9.21	酒泉	成功
473	长征二号丁	遥感三十六号卫星	2022.9.26	西昌	成功
474	长征六号	试验十六号A、B星 试验十七号卫星	2022.9.27	太原	成功
475	长征十一号	微厘空间北斗低轨导航增强系统S5/S6试验卫星	2022.10.7	黄海海域	成功

序号	运载火箭名称	航天器名称	起飞时间	发射场	结果
476	长征二号丁	先进天基太阳天文台卫星	2022.10.9	酒泉	成功
477	长征二号丙	环境减灾二号05星	2022.10.13	太原	成功
478	长征二号丁	遥感三十六号卫星	2022.10.15	西昌	成功
479	长征二号丁	试验二十号C星	2022.10.29	酒泉	成功
480	长征五号B	梦天实验舱	2022.10.31	文昌	成功
481	长征三号乙	中星19号卫星	2022.11.5	西昌	成功
482	长征六号甲	云海三号卫星	2022.11.12	太原	成功
483	长征七号	天舟五号货运飞船	2022.11.12	文昌	成功
484	长征四号丙	遥感三十四号03星	2022.11.15	酒泉	成功
485	长征二号丁	遥感三十六号卫星	2022.11.27	西昌	成功
486	长征二号F	神舟十五号载人飞船	2022.11.29	酒泉	成功
487	长征二号丁	高光谱综合观测卫星	2022.12.9	太原	成功
488	捷龙三号（首飞）	一箭14星	2022.12.9	黄海海域	成功
489	长征四号丙	试验二十号A、B星	2022.12.12	酒泉	成功
490	长征二号丁	遥感三十六号卫星	2022.12.15	西昌	成功
491	长征十一号	试验二十一号卫星	2022.12.16	西昌	成功
492	长征四号乙	高分十一号04星	2022.12.27	太原	成功
493	长征三号乙	试验十号02星	2022.12.29	西昌	成功

资料来源：梁小虹主编《中国航天精神辞典》，北京：中共中央党校出版社，2021年4月版

主要参考文献

［1］《当代中国》丛书编辑部编：《当代中国的核工业》，中国社会科学出版社1987年版。

［2］《当代中国》丛书编辑部编：《当代中国的国防科技事业》上，当代中国出版社1992年版。

［3］科学时报社编：《请历史记住他们——中国科学家与"两弹一星"》，暨南大学出版社1999年版。

［4］陈丹、葛能全：《钱三强传》，中国青年出版社2017年版。

［5］葛能全：《钱三强年谱》，山东友谊出版社2002年版。

［6］李建臣主编：《与原子共传奇》，华中科技大学出版社2020年版。

［7］谭邦治：《任新民传》，中国青年出版社2016年版。

［8］谭邦治：《任新民院士传记》，中国宇航出版社2014年版。

［9］奚启新：《朱光亚传》，中国青年出版社2017年版。

［10］段治文、钟学敏：《核武器先驱：赵忠尧传》，浙江人民出版社2007年版。

［11］叶永烈：《走近钱学森》，天地出版社2019年版。

［12］孔祥言：《钱学森的科技人生》，中国宇航出版社2011年版。

［13］陶纯、陈怀国：《国家命运：中国"两弹一星"的秘密历程》，上海文艺出版社2011年版。

［14］郑绍唐、曾先才：《于敏》，贵州人民出版社2005年版。

［15］任仲文：《功勋》，人民日报出版社2021年版。

［16］李瑞芝等编：《核物理学家王淦昌》，原子能出版社1996年版。

［17］郭兆甄：《王淦昌传》，中国青年出版社2015年版。

［18］张爱萍：《神剑之歌　张爱萍诗词、书法、摄影选集》，人民美术出版社1991年版。

［19］东方鹤：《张爱萍传》，人民出版社2000年版。

［20］熊杏林：《程开甲的故事》，人民出版社2018年版。

［21］熊杏林：《"两弹一星"功勋科学家——程开甲》，国防科技大学出版社2003年版。

［22］黄辛：《追忆"两弹一星"元勋吴自良院士》，《发明与创新》（综合版）2008年第7期。

［23］黄坚、杜捷、张励：《做国家急需要做的工作——吴自良访谈录》，《上海党史与党建》2007年第8期。

［24］彭继超：《东方巨响：中国核武器试验纪实》，中共中央党校出版社2005年版。

［25］中共中央文献研究室编：《周恩来年谱（1949—1976）》中卷，中央文献出版社1997年版。

［26］本书编写组：《郭永怀先生诞辰一百周年纪念文集》，中国科学院出版社2009年版。

［27］李家春、刘桂菊：《永远的郭永怀：纪念郭永怀先生牺牲50周年》，科学出版社2019年版。

［28］许鹿希等：《邓稼先传》，中国青年出版社2014年版。

［29］才云鹏：《邓稼先：温文尔雅的坚守》，台海出版社2016年版。

［30］杨照德、熊延岭：《钱骥》，金城出版社2011年版。

［31］柏万良：《创造奇迹的人们　中国"两弹一星"元勋》，湖北

教育出版社2001年版。

〔32〕周忠和、曾瑜：《100位科学家的中国梦》，长江少年儿童出版社2019年版。

〔33〕王建蒙：《孙家栋传》，中国青年出版社2015年版。

〔34〕王建蒙：《孙家栋院士传记》，中国宇航出版社2014年版。

〔35〕宋健：《"两弹一星"元勋传》，清华大学出版社2001年版。

〔36〕贺青：《屠守锷院士传记》，中国宇航出版社2015年版。

〔37〕杨建：《屠守锷：伏首耕天云》，《国际人才交流》2000年第3期。

〔38〕千穗：《屠守锷：心守祖国　铸造国之神剑》，《国防科技工业》2013年第1期。

〔39〕刘敬智：《为了飞向太平洋——记远程运载火箭奠基人之一屠守锷》，《瞭望周刊》1992年第26期。

〔40〕核武器效应试验史编委会：《大西北　大戈壁　大事业——中国核武器效应试验风云录》，海潮出版社2002年版。

〔41〕彭继超、伍献军：《中国两弹一星实录》，解放军文艺出版社2000年版。

〔42〕聂荣臻：《聂荣臻回忆录》，解放军出版社2007年版。

〔43〕《聂荣臻传》编写组编：《聂荣臻传》，当代中国出版社2015年版。

〔44〕王大珩：《七彩的分光》，江苏人民出版社2008年版。

〔45〕马晓丽：《王大珩传》，中国青年出版社2015年版。

〔46〕李大耀、纪明兰：《王希季》，中国农业科学技术出版社2018年版。

〔47〕朱晴：《王希季院士传记》，中国宇航出版社2014年版。

〔48〕马京生：《陈芳允传》，中国青年出版社2016年版。

［49］吴明静：《许身为国难忘：陈能宽》，上海交通大学出版社2015年版。

［50］杨照德、熊延岭：《杨嘉墀院士传记》，中国宇航出版社2014年版。

［51］徐冠华主编：《我们认识的光召同志：周光召科学思想科学精神论集》，科学出版社2010年版。

［52］刘学礼：《两弹一星精神》，中共党史出版社2020年版。

［53］《当代中国》丛书编辑部编：《当代中国的航天事业》，中国社会科学出版社1986年版。

［54］《赵九章传》编写组著：《赵九章传》，科学出版社2020年版。

［55］彭洁清、高智：《姚桐斌》，贵州人民出版社2004年版。

［56］彭洁清、高智：《姚桐斌》，金城出版社2008年版。

［57］姚微明：《中国航天材料与工艺奠基人——姚桐斌》，中国宇航出版社2019年版。

［58］席学武：《永恒的人生　王承书传》，中国原子能出版社2015年版。

［59］徐鲁作：《林俊德　铸造"核盾"的马兰英雄》，接力出版社2021年版。

［60］王霞：《彭桓武传》，中国青年出版社2015年版。

［61］张现民、周均伦：《1961年两弹"上马""下马"之争》，《理论视野》2016年第12期。

［62］杨新英：《彭士禄传》，中国青年出版社2015年版。

［63］杨连新：《见证中国核潜艇》，海洋出版社2013年版。

［64］中国工程物理研究院党委宣传部、中国工程物理研究院公共事务管理部编：《家国情怀：中国核武器研制者的老照片记忆》，四川人民出版社2018年版。

［65］中华大地之光组委会编:《共和国丰碑》,人民日报出版社2000年版。

［66］解放军总装备部政治部编:《两弹一星——共和国丰碑》,九洲图书出版社2000年版。

［67］柏万良:《创造奇迹的人们　中国"两弹一星"元勋》,湖北教育出版社2001年版。

［68］中国工程物理研究院党委宣传部编印:《记忆——中国工程物理研究院发展历程口述实录》,内部资料。

［69］中国工程物理研究院党委宣传部编印:《核武情　强国梦　中国"两弹"事业的那些人和事》,内部资料。

［70］政协梓潼县委员会编:《九院在梓潼之情怀》,内部资料。

情景宣讲课

后　记

　　习近平总书记指出，"两弹一星"精神激励和鼓舞了几代人，是中华民族的宝贵精神财富。"两弹一星"精神作为第一批纳入中国共产党人精神谱系的伟大精神，是爱国主义、集体主义、社会主义精神和科学精神的集中体现；传承弘扬"两弹一星"精神，对于弘扬党的优良传统、加强青少年理想信念教育、培育和践行社会主义核心价值观具有重要意义。

　　时值新中国成立75周年，我国第一颗原子弹成功爆炸60周年和"两弹一星"功勋邓稼先、朱光亚诞辰100周年之际，四川两弹一星干部学院传承红色基因，赓续红色血脉，隆重推出校本教材《记忆里的"两弹一星"》。编写工作启动以来，学院多次邀请"两弹一星"事业亲历者杜祥琬、尚林盛、唐惠龙、林银亮、韩长林、曾昭雄、郭景文等老专家对教材的编写提纲、书稿初稿和修改稿进行专题研讨和审阅，为我们提出了许多宝贵意见，确保了编写工作的顺利进行。

　　本教材由四川两弹一星干部学院《记忆里的"两弹一星"》教材编写小组负责组织撰写，刘涛任主编。

　　第一章共计17篇，其中张峻撰写12篇，杨登撰写5篇；第二章共计16篇，其中肖祎希撰写8篇，秦韵撰写4篇，刘香撰写4篇；第三章共计13篇，其中李俊杰撰写8篇，姚傲撰写5篇。书中融入了情景宣讲课程《记忆里的"两弹一星"》视频资料，通过二维码的形式呈现给读者。本教材编写过程中，参阅了大量专家学者的研究成果，得到了人民日报出版社的大力支持，在此表示衷心感谢。

由于编写者水平有限，不足之处在所难免，欢迎专家学者和广大读者批评指正。

四川两弹一星干部学院

2024 年 5 月 31 日